言葉を超えて

太郎がいた時間

山﨑チワワ

文芸社

言葉を超えて　太郎がいた時間

まえがき　――宿命の出会い――

ある山に、愛犬を亡くしもう地球から離れてしまったかのような悲しい目をした初老の女性が住んでいました。

そしてあるところに、飼い主を亡くし行き場を失って一人ぼっちになってしまったタヌキのようなミルクティー色のチワワがいました。

たまたま同時代に地球に居あわせた2人は、思ってもいなかった、予期せぬ運命の出会いを果たしました。

予期せぬというのは、初老の女性は愛犬を亡くす悲しみをもう金輪際二度と味わいたくないから、今後犬を家に迎えることはないと固く思っていたからです。

でも世の中にはこういうこともあるのです。

神様がお決めになったと思っています。

目次

まえがき　――宿命の出会い――　5
はじめに　10
丹沢での犬無き生活のあと　12
回りだした運命の輪　16
病院の会議室　21
もうすぐ会える！　25
千葉入り　28
対面の時が！　32
初めて太郎を抱っこしてみた　34
太郎とのワクワクする毎日のはじまり　36
ラブな毎日　39

Le Chien ルシアン旧軽井沢　太郎との絆強化合宿'19 3月 43
太郎の嫌がること 48
太郎との生活 51
太郎家の宿泊事情とこぶ丸の面影 55
謎のたろべえ爺さん 59
目の次はお耳！ 64
蓼科わんわんパラダイス　太郎と初夏旅'19 5月 67
太郎という名前 71
ワクチン抗体価 75
ワンズリゾート城ヶ崎海岸'19 8月 77
初めての冬とベッド 80
太郎14歳の誕生日 83
太郎家の年末 85
太郎と過ごす初めてのお正月 89

ウェルネスの森 伊東　記念日旅行'20　1月　93
さらお空組2年生進級　98
今日、私が、あなたが……できることはなんですか　101
太郎の記憶　105
ひどいひどい話　108
14歳太郎が我が家で迎える2回目の夏　112
太郎の老化　116
自由な太郎が丹沢に暮らす　118
太郎15歳に　120
薄めた初恋　123
逃亡未遂と大吉　128
太郎と私の試練　131
うれしい変化　138
太郎についてのご報告　142

誕生日パーティー　144
太郎の最期　146
最後までモタモタが嫌いな太郎　149
太郎への手紙　153
虹色の便箋に綴った太郎へのメッセージ　156
おわりに　159

はじめに

チワワの男の子の名前は「太郎」といいます。

なんだかアザラシとタヌキを足して二で割ったような子です。太郎と初老の女性の2人が出会った時、すでに太郎は13歳という年齢になっていました。犬の13歳といえば人間にすると68歳のお爺ちゃんです。

初老の女性とはどうやら「ミランダ」というペンネームで、ブログをたまに更新していたようです。


太郎はミランダがお迎えに上がった時、目から涙をいっぱい流して、ミランダの顔を5分以上舐めていたそうです。

そして、車中で、隣に座るミランダの膝に上ってきて「抱っこして抱っこして」と何度も何度もおねだりをして、ミランダの着ているトレーナーから伝わる、久しぶりに味わう人肌のぬくもりを、目をつぶってジッと感じていました。

たまにテレビで「オキシトシンは愛情ホルモン」という言葉を聞きますが、まさにその時の私は、出まくりだったと思います。

もう、小さな悩み、大きな悩みは、どうでもよくなりました。

太郎が幸せでいてくれることが、私の幸せです。

先ほどタヌキとアザラシを足して二で割ったみたいだと書いたのですが、尻尾を見たらタヌキみたいだなぁと思ったのです。

太郎との生活が始まって3日目ほどで、ちょっとずつ、こぶさら（先住犬の「こぶ丸」と「さら」の総称）とはまた違うこの子のキャラクターのようなものがわかってきて、本当に犬の個性というのはさまざまだなぁと感慨深いです。

もっといろいろ書きたいのですが、まずはどのような経緯でこの子が家に来ることになったのか、初めから書いていきたいと思います。

丹沢での犬無き生活のあと

私たち夫婦には子供はおらず、夫は小学校の教員、そして私は、若い頃は海外旅行の添乗員を、そのあとは主婦として神奈川県丹沢でスローライフを送っていました。

2人とも動物が大好きで、2002年秋に最初にお迎えした犬はチワワの男の子で「こぶ丸」、そして3年してからチワワの女の子「さら」を迎えました。

2人とも心臓病にかかり、14歳を迎えることはありませんでした。

2015年にこぶ丸を、2018年にはさらを虹の橋へ送り、犬無き生活を送るようになりましたが、2018年の終わり頃は夫婦ともに一時的に体調を崩し、おまけに私の投資していた仮想通貨が大暴落するわでまったく冴えないお正月を迎えていました。

「犬のいない生活なんて、人生という電車が空っぽのまま走り続けるようなものだけど、私たちの年齢を考えるともう犬を迎えることはできないし、愛犬を亡くす悲しみには、もう身がもたない」などと諦めてはいたのですが、それでもどこかで、「何かのっぴきならない事情で再び犬のお世話をしなければならなくなった、なんてことが起こらないかな」なんていう考えが渦巻いていたのも事実です。

事の始まりは2019年1月30日のことでした。夕方、横浜で一人暮らしをしている母から電話が入り、「Mちゃんが亡くなった」ということでした。

Mちゃんというのは、私の父の妹ですから、私の叔母にあたります。前の年に何らかの病気の手術をしたあと、元気に回復したと聞いていたので、特別気にも留めていませんでした。

Mちゃんはご主人（H叔父）の仕事の関係で、その結婚生活のほとんどをロンドン、NYで過ごしました。

ヘアスタイルはソバージュで、女ながらに和製スティービー・ワンダーのような佇まいのMちゃん。趣味はジャズピアノ演奏。

叔父さんはクラシック音楽が好きで、昔、家に遊びに行った時、フルート演奏のパートだけが欠けているクラシックのカラオケを流し、フルートの箇所を自分で弾いて聴かせてくれたのをよく覚えています。

ちょうど2月1日がさらの一周忌でしたから、私としてはきれいなお花や、さらの好物などをいろいろと準備してあげたいと考えていた矢先でした。

高齢の母に「他の人への連絡は頼んだ」と言われ、連絡の付かない人や、なかなか決まらない通夜と葬儀の日取りや会場などの問い合わせやら、「姪一同」の花輪の手配やらで、楽しみにしていたさらのための買い物も落ち着いてできなくなりました。

Mちゃん夫婦は子供を望んでいたらしいのですが、恵まれませんでした。とっても仲の良い2人でした。

そして夫婦の生活にはずっとチワワがいて、海外転勤の日々にもすべてチワワがいました。

叔父さんは大きな会社の社長でしたが、引退したあと、夫婦で住まいを千葉に移しました。

太郎は、Mちゃん夫婦の千葉時代を一緒に過ごした、何番目かの子なのだと思います。

私は、Mちゃん夫婦とは最近は頻繁に会っていたわけでもなく、親戚の法事で会う程度でした。

Mちゃんは年を考えれば80代という高齢なので、Mちゃん夫婦の長かったチワワ生活も終わり、きっともう今は犬はいないのだろうと、私は勝手に思い込んでいました。

しかしまさか、まだチワワの続きがいたとは……！

でもまだ叔父さんがいますから、チワワの世話はきっと叔父さんができるだろうと思って、それ以上この子について考えることはありませんでした。

回りだした運命の輪

千葉の葬儀事情が大混乱していて、通夜はMちゃんが亡くなった9日後の2月8日と決まり、その翌日朝から葬儀となりました。

私の自宅の神奈川県から千葉までは片道3時間で、通夜が終わる時間が遅く、翌朝の葬儀が早いので、通夜の晩はそのまま母と一緒に千葉のホテルに1泊することになりました。

葬儀はMちゃんが好きだった曲、パッフェルベルの「カノン」がシンセサイザーで生演奏され感慨深いお式となりました。

そして翌日茶毘に付されたあと、そのまま葬儀社のマイクロバスで駅まで送ってもらえることになりました。

Mちゃん夫婦には子供がいませんから、従弟のKちゃん（結構力持ちの男子）がお骨、Yちゃん（私の1つ上の従姉）がお花、私は大きな遺影の額を持ちました。駅へ行く前に途中下車したマイクロバスを降りて喪主である叔父さんの家に運び入れました。

叔父さんは持病のパーキンソン病が少し進んでいて、歩行も杖を使いちょっと危ないくらいだったので、何も持たず、到着すると鍵を開けてくれました。私たちはみんなで叔父さんの家に入ったのですが、テレビが大きな音でつけっぱなしになっていました。居間を見渡したYちゃんが「あれ？　おかしい！！！！　太郎がいない！！！！」と大声を出しました。

よく見ると、ソファの上の取り込んで積み重なっていた衣類の山の中から1匹の茶色い豆柴の子供のような犬が、ポカンと、ハトが豆鉄砲を食らったような顔を覗かせ、こちらを黙って見つめていました。

どうやらお昼寝の邪魔をされたようで、その犬は不審な侵入者が入ってきたと思ったのか、私たちに向かって猛烈に吠えたて始めました。

あまりに吠えまくるので、ちょっと機嫌でもとろうかなと、サイドテーブルに封が開けっ放しになっていたレバーのジャーキーを一つ、太郎にあげました。

今から考えると、それが私の手から太郎に何かをあげた最初の一コマでした。

外ではマイクロバスがほかのお客様を乗せて待っているので、ゆっくりしている暇はありません。

「叔父さん、あまり気落ちしちゃダメだよ。また電話するからね」

とKちゃんが言葉を残し、私たち3人はそそくさと叔父さんの家を出てマイクロバスまで走りました。これが太郎との初めての出会いでした。私たちは叔父さんと離れ、それぞれの生活に戻りました。

叔父さんはかねてから糖尿病を患っており、パーキンソン病もあるので、

「ちょっと一人での生活っていうのはどうなんだろうね、でも今のところはヘルパーさんに来てもらっているから、Mちゃんが死んじゃってもなんとか一人暮らしはできると思う……」

などと従姉たちと話しながら帰りましたが、この日からこの子がうちの子になるまでのおよそ22日間の間に、事態は急な変化を遂げるのでした。

2月の15日にまた母から電話がありました。

「ちょっと！！！　今、ヘルパーさんから電話があって、部屋に入ると叔父ちゃんが倒れていたから救急車を呼んで病院に運んだって！！！！」

と言うのです。

倒れていたって、いつからなのだろう。

最後に叔父さんの顔を見たのは葬儀があった9日で、今日は葬儀後、初めてヘルパーさんが来る日だったということだから、最悪の場合、9日の夜に倒れていた計算だと、倒れたのは発見される6日前?!

叔父さんは意識はあったということでした。だけど、大事なことを聞くのを忘れていました。太郎です。

太郎は叔父さんが、もし葬儀の日の晩に倒れたのだとしたら、6日も何のケアも受けず、ご飯ももらっていなかったことになります。

折り返し急いで母に電話をかけ直して聞くと、「太郎はね、ケアマネさんが車で太郎のかかりつけのA動物病院に運んだんだって」とのことでした。

かわいそうな太郎。大体なぜペットショップは高齢の叔父さん夫婦にチワワを売ってしまったのだろう。そんなことが頭をよぎりました。

あとからわかったことで叔父さんや太郎の年齢関係を考えてみると……叔父さんは年が90歳、Mちゃんは昭和の11年2月生まれだから母の1個下ということは……83歳くらいか……太郎が渡されたのがザッと計算して83引く13で70歳の時。70歳ではまだ大丈夫だろうという保証でもあるの？

ダメだろう、そんな高齢者に子犬を手渡したりしては……。

かわいそうな目にあうのはいつも決まって弱い立場の犬になってしまうのだから。

叔父さんはそのうち体力を取り戻して退院するとして、その震えるような、今にも倒れそうな体で太郎のお世話ができるのだろうか。

ケアマネさんやヘルパーさんとかの規則はよくわからないのだけれど、その老人の飼っているペットの世話まではやらないという決まりらしいです。今度はペット専門のヘルパーさんも雇ったほうがいいだろうな。

その時の私はそんなふうに考えていました。

Kちゃんも介護施設の仕事をしているけれど、叔父さんの様子を見て、あれくらいなら十分在宅で一人暮らしできると言っていました。

病院の会議室

子供のいない叔父さんの入院中のさまざまな用事や、Mちゃんの財産管理をお願いしている先生、病棟ナース、ケアマネさん、ヘルパーさん、それに私たち従姉が叔父さんのこれからのことを話し合うために、千葉の病院の一部屋に集合して話し合いの時間を持ちました。

ドクターの所見では、叔父さんはもう家に戻ることは難しく、どこかの施設を早く探さないと、あと60日を期限としてこの病院にはいられないということでした。

その話を聞きながら、私は「今はペットと入居できる施設もあるのだから、それを探せばいい」などと考えていました。

だって、配偶者に先立たれたその時こそ犬の出番なのだから。太郎は叔父さんの生きがいだったから、太郎がそばにいて、ポカポカと日の当たる部屋に2人でいれば寂しくないだろう……と。

そんな私の考えを見透かしたかのように、ケアマネさんが、「……では次に飼い犬の問題です。残念ですが、〇〇様は複数の疾患をお持ちで、施設探しが難航すると思われます。ペットを連れての入所どころか人間一人の行き先がありません。犬の行き先となると……」と、話を切りだしました。

私は心の中で、えええええええええええええまさか行政？

心臓が早鐘のように鳴り、脳内に自分の心臓の音が大きく響き、頭がカンカンに熱くなってしまって、いてもたってもいられない状態になりました。

殺処分大国、日本。今、日本全国では年間２４３４頭もの犬がガスにより殺処分されており、それは決して安楽死ではありません。太郎のような高齢犬で、しかも心臓病を持っている子を、今後迎え入れてくれるご家庭を期待するにはあまりにも厳しい。

しかし、それと同時に私の中では激しい葛藤があったのです。

心臓病のこぶさらの壮絶な最期を経験して、もうあんなに苦しむ愛犬を見るのは何があっても避けたいという……。

さらに、愛犬を亡くした後の、あのすべてが終わったような地球最大の悲しみ。

心臓病末期の夜中の救急センター。深夜就寝中に心臓発作が起きた場合に備えて、いつでも出られるように、ダイニングチェアには服を置いておき、夫婦そろってお酒を飲むこともないようにしていたことなど……。多額な医療費もかかります。

もう、周囲の声がまったく耳に入らなくなり、激しく葛藤して目が回ってきました。しかしそれらの葛藤を一発で振り払う一つの言葉。「行政行き」。

冗談じゃないよ？　あんな可愛いアザラシを。私は自分自身の許可を取ることもせず、「私が……」と声を発していました。

「私が太郎を引き取ります」

一瞬みんなが話をやめたかと思うと、ケアマネさんが「最善の結論になりました！」ととってもうれしそうな晴れ晴れした表情をなさいました。

一説によると、子供のいない女性にオスの犬を与えてはいけないらしいとのことです。亡くした時のショックが大き過ぎるとか。

同じく子供のいない親友にこの話をすると、「あ〜〜〜私たちのことだね、それはまさに。言えてるかも」と。

お迎えして間もない時点で、私はもう太郎にメロメロでした。もうなにしろ、可愛くて可愛くてどうしようもありません。

太郎の「抱っこして攻撃」は止まらず、昼間は太郎を抱っこしているためパソコンでのタイピング不可能なので仕事は滞っているのだけれど、この子にとっては、放置された期間の空腹やら孤独やらの怖かった思いがあるのかもしれないと思って、できるだけ解消してあげたいと思うのです。

私が昼寝をしていると、お腹を（たまに背中のことも）ピッタリくっつけて自分もそこで寝たり、おやつに2人で焼き芋を食べたり、こんな時間がとっても幸せです。私と過ごせなかった13年間、どんな生活をしていたのかな、この家を気に入ってくれたかな。

神様、どうぞ時間を止めて、太郎との今まで、丸ごと過ごせなかった分も一緒にいたいのです。

もうすぐ会える！

太郎は私が引き取ると決めたところで、病院内会議室の私の席の前にメモが置かれました。

太郎がストレスから血尿を発症してまったく元気もないので、お身内の方の連絡がほしいと、預け先の動物病院の先生から電話があったそうなのです。

さっそく席を外れて先生に連絡をしてみると、血尿は精密検査に出したということでした。

私が週末に引き取りに伺う旨を伝えると、日曜日のお昼に来てくださいと言われました。

叔父さんにはＹちゃんから、家に戻ることが難しいことは伝えてあったので、叔父さんに私が太郎を預かりますよと伝えに病室に行くと、叔父さんは寝たまま、

「頼んだよ。可愛がってね」

と固く私の手を両手で握ってきました。

私も負けないほど強く叔父さんの手を握り返しました。

もう引き取ると決めると、気持ちは一刻も早く太郎を引き取りに行きたいのですが、やはり夫の運転で私が後部座席で太郎の様子を見ながら連れて帰るのがベストだろうと思ったので、どうしても週末まで待つしかありません。


叔父さん夫婦の体調が悪かったのは、多分2人ともそれぞれの手術をした去年の中頃からですから、太郎の世話まで手が回らなかったのではないかと思います。散歩にも連れて行けない、ご飯も市販の缶詰か何か（いい缶詰ならOKですが）をあげていたのではないでしょうか。

一番心配なのは、電話での先生の話によると、太郎が心臓の薬を中断してからすでに4〜5か月経っているというのです。

後日、先生にお会いした時、同じく心臓病だったこぶさらの最期の経験から、「続けたところで最期があれですから残念です」みたいな話についなってしまいました。

その時、やはり先生がおっしゃるには、

「いやいやミランダさん、最期は仕方ないんだけれど、やっぱり投薬は命を断然延ばしますよ」

というお話でした。

ストレスで血尿まで出てしまっている太郎……つらいのだろう、寂しいのだろう。愛犬を亡くした飼い主の気持ちは巷にそこここに綴られたものがあるけど、飼い主を亡くした犬の心中いかばかりか。

毎日僕を見てくれていたママが急にいなくなった。そして僕はくる日もくる日も檻の中。僕はこれからどうなるの？……太郎の不安と寂しさを考えると、気がおかしくなりそうでした。

太郎に言葉が通じるなら、すぐにでも電話をかけたいのですが……。

週末までの毎日、「太郎、頑張れ、もうすぐ迎えに行く‼　それまでの辛抱だよ」と、太郎に遠くからパワーを送っていました。

千葉入り

太郎が預けられている動物病院がある千葉の大網白里というところまで引き取りに行くのですが、お昼に着くためには7時半くらいに家を出発しないとちょっと難しいです。

おりしも日曜日は東京マラソンが開催されるということです。渋滞がどこで起こるのかもわからないので、前日に私たちは木更津入りしました。

アウトレットでブラブラして、遅めのランチに天丼を食べました。

アウトレットの近くのホームセンターで、太郎をお迎えするために、シーツやおやつなど、いくつか買い物をしました。

本当はこぶさらのものをおさがりにすればまかなえると思っていたのだけれど、すべてお古というのも残念なので、せめて新しいお洋服をと思ったのです。

新しいハーネスもほしい。

だけど、葬儀の帰りに少し立ち寄った時に、パッと太郎を見ただけなので、サイズがハッキリとわかりませんでした。

結局ハーネスは買えなくて、持参したさらのおさがりになってしまいました。


人生ってわからない。お正月には3か月も経たないうちに家に再び犬がやってくるなんて誰が予測できただろうか。

あまりに悲嘆に暮れている私を見て、神様とこぶが「もうこれしかないだろう」と仕組んでくれた粋な計らいに違いない。

明日その犬がやってくる‼　太郎、あと1日だよ、檻の中、あと1日の我慢だよ。明日になったら天国になるよ‼

みんなで楽しく幸せに暮らそう‼

太郎に一番初めになんて声をかけてあげようか。


もう私はホームセンターのカートをガラガラと猛スピードで押して、走りたいような衝動にかられていました。こぶとさらがいなくなり、手すきになったこのタイミングにスッと登場した太郎。

「その人に必要な事ならば、生きている間にすべてが起こるようにできている。しかもそれはどんな正確なコンピューターよりも一分一秒早すぎず遅すぎずのタイミングで……」というフレーズを思い出しました。

お昼に動物病院に伺いました。病院の待ち合い室は天井が大きく抜かれて、たくさんの光が降り注ぐような設計になっていて、受付の方に名前を言い、診察室に通されるまで、その光の中に入っていきそうな感覚にとらわれていました。もうすぐ太郎と会える！　今日からうちに犬がいるんだ！　犬のいる生活をおくれるんだと信じられない気分で光の中にいました。

看護師さんに呼ばれ、いよいよ診察室に入り先生にお会いしました。長身で真面目そうな方でした。先生は太郎の前立腺や膀胱を調べたらしいけれど異常がなかったので、やはりストレスからの血尿でしょう、とおっしゃいました。


今日で千葉から離れる太郎。

この子を赤ちゃんの頃から診ていただいていた先生は、カルテを見ながらこの子のことをいろいろと教えてくれました。

結構意志の強い子で、気の短いところもあるから最初のうちは噛まれるかも!!　というこ と。

え!!　こぶにもさらにも噛まれたことなど一度もなかったから、大いに焦りました。

「だってね、うちの看護師が散歩に連れて行こうとしたら気に入らなかったらしくて噛んだよ。ま、僕もチワワを診る時は噛まれる覚悟でいつもいるけどね」

あらまぁ、うちのこぶさらはとてもおっとりはんだったんだと、今さらながら思ったのでした。

対面の時が！

看護師さんに「じゃ、本人連れてきて」と先生が言いました。

入院病棟のほうから看護師さんに抱かれた太郎が来ました。

ミルクティー色の、背中部分は揚げ物色の、すべてを諦めたような表情の太郎がクニャンとした恰好で抱っこされています。私は太郎にいろいろ話しかけようと思っていたのに、「太郎！」と言うのが精いっぱいでした。看護師さんは夫の腕に太郎を預けました。夫は太郎に「大丈夫だよ」と声をかけました。

先生に丁寧にお礼を申し上げ、お礼のお品をお渡しし、長期入院費用のお支払いも済ませ、3人で車で丹沢の自宅へと出発しました。

入院中の叔父さんに会わせてあげたかったけど、お別れがかえってつらいだろうと思ったのでそのまま神奈川へと車を走らせました。

太郎は噛むどころか、ドアが閉まった途端に私によじ上ってきて、顔中を舐めまわし、涙をいっぱいためた目で一心に私を見つめて、鼻を鳴らして何かを訴えていました。その訴える様子が、人間が人に何かを訴える時のイントネーションとほぼ同じだったので、私も「太郎わかったよ。今日から仲良く暮らそうね」と太郎のからだを撫でましたが、これは早くきれいにしてあげないと、と感じ帰宅途中で、シャンプーや爪切りなどのケアを受けるために、ホームセンターのペットコーナーに寄りました。

初めて太郎を抱っこしてみた

太郎はうちに初めて上がると、家中をくまなく探検し、入院中はまったく食欲がなかったと先生から伺っていたのですが、飲み水を置き、かぼちゃとチキン、お豆腐の煮たものに炒り卵をかけてあげてみると、ものすごい勢いで平らげました。

あぁ良かったね！　太郎！

彼は人間の言葉はわからないかもしれないから、私はテレパシーでこう伝えました。

「太郎、もう大丈夫だよ。何も心配することはないんだからね！　檻になんか入れないしみんなで幸せに暮らそう！」大丈夫と何度も繰りかえし、早く太郎を安心させたかったです。

私たちに与えられた時間は他の幸せな家族よりうんと短いかもしれません。

でもMちゃんの死や、こぶさらと過ごした毎日を通してわかりましたが、先々のこ

書　名				
お買上 書　店	都道 府県	市区 郡	書店名	書店
			ご購入日	年　　月　　日

本書をどこでお知りになりましたか?

1.書店店頭　2.知人にすすめられて　3.インターネット(サイト名　　　　)

4.DMハガキ　5.広告、記事を見て(新聞、雑誌名　　　　)

上の質問に関連して、ご購入の決め手となったのは?

1.タイトル　2.著者　3.内容　4.カバーデザイン　5.帯

その他ご自由にお書きください。

(　　　　)

本書についてのご意見、ご感想をお聞かせください。

①内容について

②カバー、タイトル、帯について

弊社Webサイトからもご意見、ご感想をお寄せいただけます。

ご協力ありがとうございました。

※お寄せいただいたご意見、ご感想は新聞広告等で匿名にて使わせていただくことがあります。

※お客様の個人情報は、小社からの連絡のみに使用します。社外に提供することは一切ありません。

郵便はがき

料金受取人払郵便

新宿局承認

2524

差出有効期間
2025年3月
31日まで
(切手不要)

160-8791

141

東京都新宿区新宿1－10－1

(株)文芸社

愛読者カード係 行

お名前《ふりがな》			明治 大正 昭和 平成 年生 歳	
ご住所《ふりがな》	□□□-□□□□			性別 男・女
お電話 番 号	(書籍ご注文の際に必要です)	ご職業		
E-mail				
ご購読雑誌(複数可)			ご購読新聞 新聞	

最近読んでおもしろかった本や今後、とりあげてほしいテーマをお教えください。

ご自分の研究成果や経験、お考え等を出版してみたいというお気持ちはありますか。

ある　　ない　　内容・テーマ(　　　)

現在完成した作品をお持ちですか。

ある　　ない　　ジャンル・原稿量(　　　)

とをあれこれと細かく心配するのではなく、目の前に与えられた今日という日を大切に過ごせばそれでいいんだ、と感じました。

また、13歳から上の子に接するのは初めて（こぶは13歳と2か月で、さらは12歳と11か月でそれぞれ送りました）なので、困った時は先輩の皆様や、ブログ仲間にアドバイスをもらおうと思いました。

太郎とのワクワクする毎日のはじまり

朝、太郎のベロベロ攻撃で起床。

あっ！　と気づくと私の顔のすぐ上に太郎の顔があってびっくりという毎日。

千葉の先生は気をつけないと噛むよと言っていたのに、この子はその動物病院を出た直後から私に抱っこをせがんできたんだったなぁ。

まるで私のことは、「もうずーーーっと前から知っているよ」と言わんばかり、警戒して様子をうかがうということもなかったです。

でも、誰にでもそうかというとそうでもないみたいです。

うちの夫には、特に最初の一週間はとても塩対応、帰宅しても迎えには出ないし、自分のペースを維持しています。

夫は犬というものは世帯主が帰宅した時は尻尾を振って大喜びするものだ（こぶさら時代で）という頭があるから、少なからずショックを受けたみたいで、シュンとしていました。

私はなぜかそれがうれしくて「ハッハッハやっぱり犬というのはわかるんだよねぇ、誰が本当に良い人か」なんて夫に言うこともありました。そうは言いつつも、ちょっと考えられないくらいのこの懐き方には正直、疑問を感じていたのです。

従弟のKちゃんも、「こいつ、俺が砂肝ジャーキーをあげても絶対食べようとしなかったぜ」と、言っていました。

通夜の夜、叔父さんがあまりにもショックで、「もう生きていてもしょうがない」などと言っていたので、みんなで話し合ってホテル泊を予定していたKちゃんが叔父さんの家に1泊することになった時も、「泊まってなんとか懐くのかと思ったけど全然ダメだった」と言っていました。

後日、叔父さんの件でKちゃんが連絡してきた時、私が出るなり、

「ウヘーーーーー!!!　ミランダは普段からMちゃんに似ているとは思っていたけど、電話だと余計似てるぜーーーー!!!　あーーびっくりした、Mちゃんかと思った。声のトーンから話し方から、まったく同じ!!!」

あぁそうなのかやっぱり。私も薄々感じていました。

太郎はもしかするとMちゃんと私を間違えているのではないのか？　間違っていな

いにしても、Mちゃんと重ねてみているのかもしれない。

Kちゃんは、きっとDNAの同じ部分を犬独特の感覚で感じ取っているに違いないと一人で興奮していたけれど、Mちゃんとその兄である私の父、それから私、この3人は佇まいというか雰囲気というか、まとっている空気がそっくりで、アレルギー体質や、外出先でよくお腹が痛くなるという共通点までありました。

そこへ持ってきて、動物病院から引き取った初日、少しでも太郎が安心できるようにと、先生が預かる時にもらっていたMちゃんの毛布を私に持たせてくれて、それを車の中の太郎の座席のそばに置いておいたという。

それもあって、太郎が私とMちゃんとを重ねたのかな？


謎な現象だけれど、ブログのお仲間mさんからなんともタイムリーなコメントをいただいて、「ほぼそうに違いない」という確信に至ったのです。

いただいたコメントによれば、mさんのお家のチー坊ちゃんは、誰にでも唸って触らせないそうなのですが、mさんの弟さんにだけは、最初に会った瞬間から指から水を舐めたそうです。

う〜む、謎です。血の繋がりがわかるのか……？

ラブな毎日

太郎との相変わらずのラブな毎日。

3月の11日は虹の橋に引っ越したさらの14歳の誕生日のお祝いを予定していました。ギュウギュウ詰めの冷蔵庫の最上段からチーズケーキがケースごと落下してしまったので、新しいケーキを注文し直して、お稲荷さんを作り、今日のお祝いとなりました。

なぜケーキが冷蔵庫の中から落下したのか、そんなこと今までの人生で一度もなかったのに、太郎を可愛がり過ぎてさらが怒っているのか？　な～んて考えたけど、私がさらを忘れるなんてことはありえないんだから!!　さら、わかった？

太郎のハーネスをこぶかさらのおさがりにしようとケチっていたら、帯に短したすきに長しって感じでどこかが変。

おまけにこぶさらの匂いが強烈に残っているみたいで、太郎にハーネスを付けようとするとすごく機嫌が悪くなるから、ここはやっぱりおニューをということで買ったのだけれど、これもなんだかどこかが変。

太郎はピンクが似合うので、男の子だから変かなと思ったけれど、ピンクのハーネスを買いました。

でも、胴体がキツい割に首回りがスカスカ。

調節してもどこかがギクシャクしてうまくいかない……。ピンクのハーネスを着た太郎は、どこかゼッケンをつけたボートレースの選手のようです。

夫と話している時、この子の体型じゃないか、という答えに落ち着いて、ちょうど今日作ったお稲荷さんに似てないかというオチになりました。


太郎の医療チェックだけれど、先週と昨日でドッグドックが終了しました。千葉の病院からもらってきたこの子のデータなどを持って行ってきたのです。

病院はこぶさらのかかっていた16年通い続けたところは、どうにも行けなくなってしまいました。

あのM病院ではチーム医療で診ていただいていました。ベテラン女医のH先生とベテランS先生は、どちらも大変信頼できる先生で、医療技術にも長けていたしコミュニケーションも取りやすかったです。

しかしなんというか……、太郎が来る前も、あの病院の前を車で通り過ぎるだけで、こぶさらが苦しんでいた時代がフラッシュバックして、どうにもこうにもやるせなくなるから、またあそこに太郎を連れて行くという気がしないのです。

ちょうど家から車で5分くらいで行ける川沿いに新しい動物病院ができたから、太郎はそこにしました。

何も知らないで行ったら、たまたま循環器専門の先生で、アメリカでも勉強なさっていたらしく、お若いのに何かの賞も受けていて、循環器の先生相手の、超音波の診断法などの講習会の講師もなさっていたらしいです。

太郎はドッグドックの結果、やはり心臓の中にある弁がもろくなり、血液の循環が悪くなることで心臓の機能が弱ってしまう僧帽弁閉鎖不全症ではあるけれど、今はまだそんなに重くはないということで、お薬も朝晩で米粒みたいな小さい薬を一つずつ飲むだけということになりました。

やったーーーー！

だけど私にはもう一つの心配事があります。

それはどうやら、太郎は耳が聞こえていないか、もしくは遠いのではないかということ。お爺ちゃんだからそうなのかなとも思うけど。

Le Chien ルシアン旧軽井沢　太郎との絆強化合宿'19　3月

13歳の太郎を、私たちがこぶさらと訪れた気に入りの景色を、太郎にも少しでも多く記憶に残してもらいたいと思い、念願の初の旅行へさっそく連れ出しました。

太郎よ、旅好き夫婦のところへ来てしまった宿命なのだよ、頑張って付き合ってね。

私が前の晩にいそいそ準備を始めると、太郎はどこかオドオドと身の置き場のないような顔をしだして、ソファの陰からジッとこちらを見ていました。

でも、当日、「ほら太郎!!　一緒に行くんだよ!!」と言うと、うれしそうに玄関まで走って来ました。

行き先は、長野県軽井沢の「Le Chien ルシアン旧軽井沢」というところです。ホテル音羽ノ森向かいにあります。渋滞はなく、圏央道経由、家から2時間半で途中休憩は関越の高坂サービスエリアで1回です。

「犬も可」ではなく、「犬連れ専用」ホテルですが人間だけでもOKです。

いろいろと備品はそろっているので荷物は最小限でいいし、やっぱり犬連れ専用のホテルはいいな、と納得でした。「犬も可」のところだと、何か悪いことをしているような気にさせられる時もあります。

例えば他のゲストの前では絶対に姿を現さないように、バッグなどに入れなければいけない時などです。

このホテルはチェックイン時に犬用のおやつをくれたり、お部屋に前庭がついていたり、犬連れの荷物の多さに配慮して、お部屋まで運ぶ赤いワゴンがあったり（コールマンの赤い可愛いワゴン）。ドアが二重ドアになっているので脱走する危険を避けられます。

ワゴンがないと、いつも車からお部屋まで何度も往復して運ばないといけないから大変ですよね。ポーターさんがいるところは良いのですけど。

犬用の小道具を自由に使って撮影できるお部屋もありました。

ゆりかごというのかハンモックじゃなく、あの、籠の付いたブランコのようなものがチラっと見えたので、太郎を乗せて写真を撮るのを楽しみにしていたのですが、ちょっと乗せようとしたら、大きく揺れてすごく怖がったのでやめました。

あとで見たら超小型のワンちゃんが籠にチンマリと納まって、家族の人にうまく撮影してもらっていました。

そうです。我が家の太郎はなんといってもお稲荷さんですから。それもポンポコ稲荷で体重はあとちょっとで5キロ！

人間用にもいろいろ気配りのされているホテルで、お風呂上がりのコーヒー牛乳やヤクルト、お部屋の冷蔵庫の中にある飲み物は自由に飲み放題です。

初日も次の日も、大好きな軽井沢プリンスのアウトレットで過ごしました。

本当はスカイパークのほうへも足を延ばしたかったのだけれど、1泊なのでまた次回に。

出発が遅かったので、現地に着いた頃はもう真っ暗で、アウトレットのテラスで太郎と一緒に食事をしようと思っていたけれど、すでに椅子はすべてテーブルに上げられていて片付け態勢になっていました。残念！

フラットブレッズのチェダー（分厚いハンバーガーにとろとろのチェダーチーズ乗せハンバーガー、ロゼワインシャンパン）やシュリンプポップコーン、ガーデンサラダ、ポテトフライ、それから別のお店で軽井沢プリンを買い込んで、太郎はお弁当

（朝、家で焼いた牛肩ロースの無塩ステーキと、ボイルしたマッシュかぼちゃ）で、ホテルの部屋で夕食にしました。

食べたあとに写真を撮るのを失念したことに気づくという大失態をしでかしてしまいましたが。


お腹がペコペコだったので夢中で食べ過ぎて夜中の2時頃、腹痛で起きることになってしまいました……。

私が起きると、寝ていたはずの太郎がジッとこちらを見ていました。

眠りが浅いというか、ちょっと何かあると目が覚めるようです。

そして翌日の朝食。太郎はレストランで犬用のミートボール定食のミートだけを食べ終わると、あとは食べる気がないようで、冴えない表情です。


アウトレットで、「犬店内可」と書いてある店、例えばドッグデプトとかペットパラダイスなんかには一緒に店内に入りました。

その他は、太郎は主に抱っこで通路から見ることが多かったですけれど、興味深そうに店の品物をいろいろと見ていました。

あとは私がショッピング中はパパと芝生で走っていました。

太郎は走っている時、表情がパッと明るくなって楽しそうで、それがとってもうれしく、連れてきた甲斐があったなと思いました。

正面にはスキー場。残雪が見えます。

太郎がうれしそうに爆走している動画を撮って、あとでSNSに載せようとしたのですが、なぜかうまくいきません、残念。

これから花粉の季節も終わってくれればもっとお出かけがしやすくなるのに。

そうしたらもっともっときれいな花が咲いている場所や良い景色の場所にたくさん連れて行ってあげたいです。

でも、実を言うと太郎は家に帰ってきた時が一番うれしそうにしていました。

そうです。犬って大好きな飼い主といられるなら、本当はどこでもいいんですよね。

そしてお家がきっと一番なのでしょう。

太郎の嫌がること

千葉の病院の先生とお話しした時に、「この子は自分がされて嫌なことは絶対に受け入れないから、調子に乗っていると噛まれるよ」と言われていたのですが、こういうことなのかと、改めて思い知らされました。叔父さんも、「お耳のお掃除なんかもソファにベッタリ耳を張り付けて嫌がる」と、先生に伝えていたようです。

あぁ、困るなぁ。

連れてきた時にトリミングに出したからしばらく耳はきれいだと思っていたけれど、今日、散歩中に太郎の耳を見ると、きったないきたない！　あぁ、シーツによく転がっている謎の黒い粉みたいなのってこれだったの？　と謎が解けました。

加えてお目目がちょっと白いので、白内障進行防止の目薬をさそうとしたのだけれど、嫌がって顔を左右にブンブンと振り続けるので、最終的に未遂で終わりました。

せっかくこの子のためを思ってのお薬なのに、これ以上無理強いしていたら、今後の関係まで険悪になりそうで、今日のところはやめておいたけれど、これはまだまだ自分が信頼されていないということなのかな、と思ってちょっとガッカリ。

可愛いのはいいとして、可愛い可愛いだけではすみませんものね、犬と暮らすって。

やっぱり本人が嫌なことだってやる必要がある時はある……。


こぶもさらもこんなことはなかったので、千葉の先生に「途中から高齢犬を育てるのは難しいよ」と言われたわけがわかったような気がします。

こぶなんか、むしろ目薬をさすとスッキリするみたいで嫌がらず進んで寄ってくるほうだったのに、太郎はされて嫌なことが結構多く、最初の頃はハーネスを付けられるのも、機嫌が悪い時は「ハァーーーーーーーハァーーーーーーー」と、ガラガラ蛇みたいな（ガラガラ蛇の声は聞いたことないけれど）声を出し、鼻には皺を寄せて拒否しました。その怖い表情はまるで「ホオジロザメ」さながらでした。

時間がない時に無理やり決行して噛まれたこともあります。

ハーネスを付けられると、また場所と世話をする人が代わって、ご飯がもらえなくなるとでも思っているのかな。

でも、噛まれても本気は出していないみたいで、血が出るということはなかったです。

うんちのあとにお尻を拭かれるのも嫌みたいです。

マズルや足の先も小さな頃から触れられるのに慣らしておかないと嫌がる部分です。機嫌が良い時は問題ないけれど、本人が眠い時などは注意しないとなかなか触らせてくれません。

でも旅行から戻ってきてからは、ハーネスを付けると、何か楽しいことがあると思ったらしく、難なく装着に成功したので、ほかもちょっとずつ気長にやるしかないですね……。

でも、目薬はあまり気長に構えているとどんどんお目目が白くなる……。気長にやること、気長ではダメなことの見極めが大切でしょうか。

太郎との生活

こぶさらがいなくなってからは、忘れていた気分を今また思い出しています。

生活上の細かいところで太郎がしたことを、「あぁ、こぶもこれと同じことしていたなぁ」と、太郎が来なければとっくに忘れていたことを思い出しては、懐かしんでいます。

やっぱり家の中に犬がいるって、人間より動物に果てしなく近い私には、生き物である自分を思い出すというか。

犬がいないと生活のすべてがスマートで清潔で無駄がないんだけれど、どこか頭でっかちで生活しているというか、生き物でもある自分を忘れている。

それに、異種間でのコミュニケーションほど面白いものはないとつくづく実感しています。

ところで先日の軽井沢旅行で、太郎がホテルの朝食の時に座っていた木製の椅子ですが、元々椅子としてデザインされたものかどうか（しかも犬用として）はわからないけれど、こんな椅子が家にもあったらいいなぁと探しています。

椅子の構造が簡単そうだったので、ホームセンターでも材料を買ってきたら作れるんじゃないかと思います。

こぶさらと生活していた頃から、ご飯を犬だけ地べたで、ヒトがテーブルって分けているのがなんだか嫌でした。

犬のトレーナーがこのことを聞いたら、犬のしつけや教育上めっそうもないと叱られそうですが、以前に見た、CMに出演している世界中の犬の特集番組で、アメリカかどこかのCMに出演していて人気のワンちゃんは、お婆さんと2人で生活しているのだけれど、そのお2人の朝食時の光景にびっくり！

お婆さんの向かいの席にそのワンちゃんがちゃんとすわっていて、同じテーブルで朝ごはんを食べているのです！！！

しかも、メニューがな、な、なんと、お婆さんと同じアイスコーヒーとトーストでした。

アイスコーヒーやトーストなどの人間の食べ物は犬に与えるのはよくないと言われてはいますが、あの光景は実にホノボノしていたのでありました。

たまに、赤ちゃん用で、床置き型ではなくて、机に引っかけるところがアルミパイプのような材質で、赤ちゃんが二本足を出すところが開いている椅子を見かけるけれど、あれに太郎を乗せたら、なんだかジタバタ動いて危なそうだしなぁ。また「ハァーーー」と言って怒るかもしれない。

それから、皇族の方々にはその個人個人を象徴するシンボルマークのようなものが決められていて、祝賀行事などに使用されている、例えば慶事での引き出物に使われているボンボニエールの刻印などがありますね。

刻印のお花とは違うけど、太郎がこの家に来てくれてからずっと頭の中に響いてくる曲があって、それを勝手に太郎のテーマソングにしてしまいました。

その歌とは、恐れ多くも Michael Jackson の「ＳＭＩＬＥ」です。

同じようにそれぞれの子に「持ち色」というのもあって、こぶは彼の体毛の色がブルーということでかなり小さな頃から水色のイメージです。

こぶの優しい性格、人に対する温かさなどで水色といってもかなり淡い水の色で、彼のイメージとぴったりです。

さらは気が強くてお茶目なイタズラっ子なところから、ショッキングピンクしかありません。パステルカラーは全然似合わなかったです。

そして太郎は第一色はピンク、第二色はモスグリーンです。

「ＳＭＩＬＥ」は何回も何回も頭に沸き上がってくるから不思議です。

まるで太郎が私に歌って聞かせてくれているみたいで、太郎のお世話をしていたり、撫でたりしている時に、自分もこの歌のような心情になっています。

うまく言えないけど、落ち着いていて平和だけれども、どこかせつないような……。

太郎家の宿泊事情とこぶ丸の面影

ゴールデンウィークは泊まりの予定が何もない我が家です。（ホテルの宿泊代も高過ぎですし、渋滞も嫌です）

その代わり、5月下旬に夫の平日休みがありそうなので、この日にちょっと高原のほうへでも行けたらいいなぁと話しています。

ポイントを貯めているのでできるだけ楽天トラベルやじゃらんでと思っているのに、某ホテルのコテージのプランがサイトに載っていないというのがネックになって、難航しています。

ネットから予約をするのではなく、どうやら電話で予約をするみたいなのですけれど、それだとポイントがつかないのでどうしようかと考えています。

太郎がまだお泊まりに慣れていないので、ヒトが食事に出る時に部屋のサークル内でお留守番させるのが若干不安です。

一人ぼっちにさせたら「また置いて行かれたのか」と勘違いして吠えたりしたらかわいそうだし。

2月の激動トラウマ体験（※）からまだそう月日が経っていないので。（※2月の、叔母の病死からの家族解散で動物病院に長く預けられ血尿が出てしまったあの時）

できるだけレストランに同伴可というところか、部屋にケータリングがあるかBBQができるところだと太郎と離れないでいいし、その上、私たちも太郎も一緒の食材で済むので、家からご飯を準備していかなくてもよくて都合がいいです。

太郎の分はヒトと同じお肉を素焼きにして味付けなしで、冷ましてからあげればよいし、お野菜もあるし。

足腰が動くうちに、できるだけきれいな景色を見せてあげたいと焦ってはいますが、別に行かなければ行かないでもいいです。一緒にいられれば。

とにかく太郎を見ているだけで、愛しくて胸が痛い。

こぶさらを失ったあとの気持ちを味わったそのあとに来てくれたので、余計可愛いのだと思います。

この子を迎えた時は、もう13歳だしお別れはそう遠くないのかもしれないと思っていたからあまり入れ込まず……なんて自分に言い聞かせていたけれど、もうダメですね、そんなの。親バカですみません。

　本当に可愛くて可愛くて、この子とお別れしたら今度こそもう、生きていけないのでは？　と真剣に思います。

　夫とも話しましたが、ある角度から見ると本当にこの子はこぶにそっくり過ぎて、一瞬「こぶの生まれ変わりなのでは？」って思うことがあるんです。

　近所にも、こぶが老化で色が変わったのだと思われていた方がいらっしゃいました。でも、太郎は２００５年生まれなわけで……。２００２年生まれのこぶは、２００５年にはもう存在していたわけだから、それはないはず。

　同じチワワだから似ているっていうくらいなんだろうけれど、それ以上にふとした時に、うまく言えないんだけれど、確かにこぶの魂がちょっと入っているんじゃないの？　って思う瞬間があるのは確か……。

　不思議。よくわからないけど、神様がこのキュートな坊やをどの親に預けようか迷った時に、雲の上から観察してみたところ、夫婦そろっての半端ない犬好き加減と、年齢的にもちょうどシニアであること、心臓病児を2頭育てていた経験等を考え、このハイシニア坊やには私たちがちょうどいいかもしれないって思われたのでしょうか。

こぶさらを亡くして、そこからなかなか抜け出せなくてボーーっと宙を見つめている怪しい私に、また犬と暮らせるという時間をくれたような気がします。

さらがいなくなってから、あまりにも多くのことをやり残したとすごく後悔していました。例えば服を作ってあげようと型紙を取り寄せたのに、バタバタしているうちに、結局あの子の生涯で作ってあげたのは冬用の毛糸で作ったドレス1着。

ベランダをきれいに片付けて、人工芝を敷き詰め自由に出入りできるようにしようとしていたのに、それもできなかった。

夏にはベランダプール計画もしていたのに、ビニールプールを買ったところで中断……。

犬用のおやつだって、もっともっとおいしいのをたくさん作ってあげたかったのに。

これからは、やり残したことをできるだけ太郎にはしてあげよう。

謎のたろべえ爺さん

太郎はフワフワのベッドより革のソファやコットンのシーツの上のほうが好みらしく、新聞紙の上にもよく寝ているので置いておいてあげたら、新聞紙を自分でほぐして寝ています。

我が家ではこれを産卵箱と呼んでいます。

私は5月の連休直前に、洗面台におでこを強打し、連休中はずっと安静にしていました。

なにしろぶつけてから4日間は頭の中の異音が止まず（ボボボボボボ……とかいうくぐもった音）、激しい頭痛はないものの、頭に五徳を乗せたような重さと歩く時に不安定感が……。

そして夕方からは毎日頭が動画を見過ぎたスマホのような熱がこもり……。

たんこぶも痛み、これはきっととんだ令和になるのでは？　と思ってしまいましたけれど、ぶつけた瞬間は「これでやっとこぶさらに再会できる」と意外と冷静に思いました。

ググったら吐き気がないのなら病院には行く必要がないような、わりと軽めなニュアンスで書いてあったので静かにしていたら異音もなくなりました。

そんなわけで、10日間こもりっきりで太郎さんとずっと一緒にいることができました。

こもりっきりといっても、散歩には出ていました。あと、普段とは違った河原にも行きました。


夫は今まで太郎と関わる時間が少なかったのを、この連休で一気に挽回しようと、太郎と一緒に走ったり遊んだりして、もう「可愛いな可愛いな」の連発、メロメロ、目じりが下がりっぱなしです。

おかげで、「ベランダに出してよ」とか「おやつをちょうだい」といった太郎の要求がパパさん一択で向けられたため、私に抱っこをせがむ回数が激減し、ちょっと寂しかったです。

この10日間で太郎の癖などが改めてわかり、とても困ったことや「そうなのかな?」

と思うことが確定的になりました。

従姉が生前のMちゃんから聞いた、太郎に関することがいろいろと情報として入ってきたことで謎が解けたこともあります。

■太郎は若い時から毎日散歩をする習慣がなかった。
これはずっと前に私がさらをお迎えした直後のMちゃんとの電話でも話したので記憶しているのですが、Mちゃんが「家の中でうんちおしっこを済ますようにしつけておくと楽よ」というようなことを言っていたので、従姉の言っていることは本当だと思います。

どうりでこちらへ来てからの散歩が、私の真後ろに回ってしまったり、お散歩中に用を足さないで、家に戻ってくると走ってトイレに行ったりしていました。

■目薬がさせない、のほかに顔にティッシュなどを近づけると怒る。

■洋服を着せようとすると怒る。最初はハーネスも付けられなかった。最近は、ハーネスを付けると楽しいことがあるというように学習させた。洋服もその調子でと思うのに、首を通した時点で顔が不機嫌になり、足を通そうとしたら突然噛まれたことがある。

■寒いだろうと毛布などをかけようとすると「あ～～～～～あ～～～～～」と唸り、怖～～い顔になる。そう、あの例のホオジロザメのような。

■噛みはしないが、明らかに不機嫌な顔をして場所を移動する。

■散歩のあと足を拭こうとすると怒る。バスルームに連れ込んでシャワーで洗う場合は大丈夫。足を「拭く」という行為が嫌いなよう。

デレデレに私に甘えていても、ちょっとその気配がするやいなや1秒もしないうちに、まるで犬が変わったように豹変するから大変です。噛まれても本気じゃなく甘噛み程度ですが、怖いものであります。

濃厚に甘えるが嫌なことは絶対にしないでくれ……と。

しかし、なぜにティッシュくらいが嫌なんだ？　太郎君。

まだ、噛もうとする前兆に唸ってくれればいいんだけれど、前兆なしでいきなり噛むっていうのが参ります。

まぁ、普段の甘やかしでこういうことになっているんだと思うけどね。こぶさらにはこんな苦労はなかったからいささか困惑……。

まだまだいろいろあるけれど、非常に困っていることが何点かあって、その解決法をどうしたらいいのか困っているというのもあります。

目の次はお耳！

遅れに遅れていた母への太郎お披露目会と母の日を一緒にするために、先日実家の横浜へ。

亡き父は私と同じ超犬好きだったけど、母はまぁ普通という感じで、どちらかというと猫派です。抱っこするところを見ても猫のほうが馴れているようです。

こんなに可愛い太郎を目の前にしても、母の反応はやっぱり普通という感じ。そしてそれに対する太郎の表情も、これまた普通といったところです。

こういうところを見ていると、犬ってヒトの態度に呼応してくれているというか、こちらが可愛がると向こうも見合う分を返してくれているのではないかと、思います。

散々苦悩した目薬はあの方法もこの方法もたろべぇ爺さんにはすべて門前払いされ、そうこうしているうちに、今度は外耳炎の治療に点耳薬を使わなければならなくなりました。

1日1回5滴。これがまた新たな苦悩の始まりとなろうとは……。

病院から帰ってきて1回目は難なく成功しました。

なのに、翌日私が普通に点耳しようとすると、まさかの激怒（げきおこ）プンプン爺さんに豹変し、危うく噛まれるところでした。

そしてこの爺さんの特徴としては、1回怒るとなかなかその怒りがひいていかない。

まるでブログ仲間のブログで知ったチャッキーのような顔で、大声で吠えながら頭を左右にブンブン振って噛む真似をするのです。（エアーかみかみ作戦）

結構、困り度は上がってきていて、こんなことで怒るのでは太郎が介護が必要になった時、いろいろなことはどうなるのかなぁと心配。

あんなに甘えてくれるのに、やっぱりあまり仲良し過ぎて上下関係ってのがあやふやだから、かえって彼を苦しめることになっているのかな。

まぁ、すべて私がいけないの。


気分転換に、昨日はしばらくご無沙汰だった公園まで足を延ばしたらバラが満開でした。

もう少し、来月あたりかと思っていたのに。

一歩足を踏み入れた時からなんともいえないバラの香りが園内に漂っていて、太郎も尻尾をフリフリして小走りでご機嫌！

明日は午前中、病院を予約しています。

ちゃんと耳処置ができているのか、先生がきっとチェックしてくれるのだと思います。

結局夫が耳薬担当になっているけど、私じゃダメなのかね、太郎。

なんというか、それを先生に白状するのがちょっとねー。

こぶさらには点耳も点眼もなんでもないことだったのに……。嗚呼、ほんと凹むわ。

蓼科わんわんパラダイス　太郎と初夏旅'19 5月

ゴールデンウィークはおとなしくしていたので、夫の平日代休に、ガラガラの高速道路を狙って、蓼科へ行ってきました。

太郎との旅行は軽井沢に続いてこれで2回目。うちから現地までは3時間以上かかるのだけど、途中、双葉サービスエリアでトイレ休憩を1回、何もなく無事に到着しました。お迎えに上がった時も軽井沢に行った時も結構車に乗ったけれど、尻尾フリフリで車酔いには無縁の太郎です。どうやら車に乗るのは慣れている模様。

エクセレントコテージを予約して、食事はケータリングです。

BBQのプランが良かったけれど、宿のホームページにはBBQに犬がいる写真が1枚もなかったので、もし現地で犬と一緒のBBQはダメと言われて、ヒトだけでホテルのバイキングとなると、太郎と離れるのが嫌だったので、ケータリングで「鉄板焼き」にしました。

今回の旅行で一番楽しかったのが、太郎と3人でのこのケータリングのお食事だったので、この選択は大正解でした。

午後4時半頃、ホテルの方がお肉セットと明日の朝食をまとめて持ってきてくださいました。無洗米も入っていたのでお米2合をすぐにセットして、炊き上がってから鉄板焼きを始めて、太郎には素焼きコーナーで焼いてあげました。

お野菜もたくさんあげました。もちろん、玉ねぎは除いて。

あと、太郎は普段から白飯をそのままモリモリ食べるので、白飯もたくさん……と、言いたいところだけれど、先生に「あとちょっとでフィラリアの薬がMサイズになっちゃうから気をつけてね」と言われているので、幼稚園の子供のおむすび1個分くらいをあげたら、いつものように一瞬で平らげてしまいました。

太郎は今夜はパパさんと一緒に寝るようです。ベッドが高過ぎて、もし太郎が夜中に一人で飛び降りて骨折でもしたら大変だという理由で、せっせと押し入れから予備の布団を出して敷いていましたがすごくうれしそうです。

朝食は、太郎には家から持参したチキンのササミを、夕べの鉄板焼きの時にドサクサに紛れて素焼きしておいたので、それを電子レンジでチンしてあげました。

一方、私たちは夕べ届けていただいた朝食セット。コーヒーとパンが3つ、卵とヨーグルト、サラダ（ポテトサラダとキャベツ）、ハム、フルーツ……。

いつものホテルのバイキングではありませんが、こういうのもたまには新鮮です!!

付いていたポテトサラダとハムがどういうわけだか山羊臭くて食べられないので、夫にあげました。山羊の匂いは知らないのですが、私は食べ物では、山羊のチーズとホヤの酢の物が唯一ダメなのです。夫は小さい頃から山羊のミルクは飲みなれているそうです。

チェックアウト後は御泉水《ごせんすい》自然園に向かいました。ゴンドラに乗って頂上まで5分で行きます。

太郎は多分、こんなゴンドラに乗るのは初めてかなと思いましたが、いつものように、動じずドッシリ構えて景色を見ていました。

御泉水自然園ではたまに鐘が鳴るのですが、その音がなんというか、シュールでちょっと神々しくて怖かったです。

太郎と歩いていると、夫が「野生のタヌキだ‼」とびっくりして大声を出したので見たのですが、すでにその姿はありませんでした。

太郎のお母さんが迎えに来たのかもしれないです。タヌキのお母さんということは、やはり尻尾だけ似ていると思っていた太郎の正体は実は本物のタヌキだったのかもしれません。

園内を結構散策しました。

夏に来たらきっとセミなどが鳴いていてもっと違った雰囲気かもしれませんね。できれば1泊ではなくてもっと泊まってゆっくりしたかったですが、今回は1泊で合宿終了。次はどこに行こうかな。

沖縄にも犬受け入れOKのホテルはあるのでたまには遠くにも連れて行きたいのですが、以前、小さなチワワが飛行機の貨物室で熱中症で亡くなってしまった事故があったので、怖くて飛行機には乗せられません。

太郎という名前

紫陽花がきれいに咲いてきましたね！


相変わらずたろべえ爺さんとラブな毎日を過ごしています。

太郎が可愛くて胸が痛い。そして彼が寝てしまうと寂しくて、今度はパソコンの前に飾ってあるあの子の写真をチラチラ見ながら作業をしています。

そしてまた仕事がはかどらない。そして胸が痛い。そして寝ている太郎を見に行き、太郎の顔と自分の顔をくっつけてみる。可愛い可愛い可愛い可愛くてたまらないです。

朝は朝で、あの子が家に来たのは夢ではなかったかとボヤーっと夢うつつでいると、顔を舐めに来てくれます。

先日太郎のワクチンの抗体価の検査をお願いしてあったのと（抗体価が残っていれば余計なワクチンは打たないつもり）、そろそろ毎日の薬がきれること、あとは耳道洗浄をお願いしようと思って、朝の10時頃、気持ちよく二度寝していたたろべえ爺さんが目を覚ましたので、ハーネスを付けずに抱っこして車までなんとか連れて行き、そのまま動物病院へお連れしました。

寝起きは機嫌が悪いたろべえ爺さんですが（だからハーネスも付けない。何回か旅行に行くうちにハーネス嫌いは軽くはなったものの、やはり機嫌が悪い時はダメです）、車に乗せるとだんだんお目覚めになります。

そして助手席から、宇宙人を見るような目つきで私をずーーーっと見ています。

家から10分もかからないその動物病院の車を停めるスペースは4台ほどです。満車時は、細い脇道を通って病院の裏手のスペースに停められますが、表が満車なのを確認して、今日は諦めてそのまま公園に車を走らせました。裏の駐車場は少し狭く、ほかの車が入っていったのも見ました。

あと3日で薬がきれるけれど、それまでに病院に停められなかったらどうしよう。覚悟を決めて家からペットカートを押して徒歩で行くかな……。

いや、そんな元気はありませぬ。私だけで歩いて行くとかね。

さすがに、公園の散歩はハーネス必須なので、車を降りる前になんとか着用させました。

洗い替えに買ったハーネスは、３Ｄ型の形状が、お稲荷さん体型の太郎としっくりきません。

散歩中、可愛いマルチーズのご一行（お母さんと女の子）とご挨拶。

大体名前を聞かれますが「太郎」と言って聞き返されたことは今までに一度もなくて、すごく楽です。

以前は「さら」と言うと、たまに「えっ？　タラ？」とか（心の中↓サザエさんか？）、「こぶ丸です。よろしくね」と言うと「こぐま？」とか、一体どうなの？　っていうような返事をくださったものでした。

「太郎」って日本に昔からあるみんながよく知っている名前だもんね。

この名前を何回も言うことが増えると、太郎って名前が本当に好きになってきました。なんだか言うたびに楽しくて。

何より発音が楽だし、何か隠しごとなしで正々堂々と生きているような良い名前だなぁ……って。

私はもう太郎が可愛くて可愛くてどうしようもなく、名前が「太郎」では足りない気がして、ある日「そうだ、愛太郎に改名しよう」と、帰宅した夫に報告したら「なんか……」「歌舞伎町のホスト?」ということで却下されました。

13年前にこの名前をつけてくれたのは叔父さんだったのかな、それともMちゃんかな。


体がツルリンとしていて、名前が太郎で、行動が単純明快でわかりやすくて一生懸命で、もう可愛くてどうしようもない……。

でもたまに、「太郎です」って言うと急に大笑いしだす人も中にはいます。

「ハハハハ……太郎だって、いやぁぁ、可愛いーーー」って感じで。

でもね、その人の気持ちもなんだかすごくよくわかるから、だから私も一緒にひとしきり大笑いしてしまうんだけれど。

散歩中、可愛い女の子チワワと出会っても「別に興味ありません」。

ティッシュペーパーを目の前に差し出されると突然怒る。

とてもわかりやすいキャラの彼に「太郎」というシンプルな名前がいかにもピッタリで「太郎ですが何か?」といつもマイペースです。

ワクチン抗体価

一昨日、太郎のワクチンの抗体価検査の結果を聞きに、動物病院に行ってきました。もう、この日薬が手に入らないってことはナシだから、もし駐車場が満車だったら、いざとなったら川向こうの市役所の前に停めて動物病院まで歩こうと覚悟。太郎の抱っこ用にスリングも持参しました。

すると、車がすんなり停められて、今までの苦労はなんだったのかと拍子抜けです。すでにニャンコの先客が一家族いたものの、あと一人はお会計を済ませて帰宅されました。

この日は太郎の体調もいつもと変わりないので、抗体が残っていなければ接種をお願いするつもりでいました。

以前、叔父さんに太郎の生年月日を聞いた時、ハッキリと覚えていなかったので千葉の先生のカルテで確認をしたのです。

その時に、太郎が最終のワクチンをいつ接種したのか、あるいは打っていないのか、お尋ねするべきでした。心臓病の薬もここ4～5か月、投薬を停止しているという先生からのお話ですごく焦り、心臓の薬を与えていないってことは、ワクチンも打っていないかもしれません。多分、太郎の抗体はスッカラカンだろう……と想像していました。

結果は「まだ抗体は十分残っている」ということでした。

なのでたろべえ爺さん、この日のチックンは逃れることができました。

なんか、この子っていつも運が良いと思います。

しかもかなり高い数値で残っていました。追加接種すれば老体のたろべえ爺さんに負担をかけるだけということで、また来年、モニタリングということになりました。

先生、お気遣いありがとうございます！

宿泊する時に提出するワクチン接種証明書をいただき、耳の洗浄をしてもらって、無事終了です。

こちらの動物病院のY先生ですが、いつもキメ細かいご丁寧な診療をして下さり、本当に心の温かい先生です。季節が変わるのと合わせてお薬の量の調節などもなさっています。

ワンズリゾート城ヶ崎海岸'19 8月

蓼科に続き、8月に伊豆城ヶ崎へ出かけました。太郎との旅行は3回目になります。

ワンズリゾート城ヶ崎海岸のドッグランダイレクトルームを予約しました。

チェックイン早々、こぶさらの写真立てを机に立てて、さっそく部屋から直通のドッグランに出ようとドアを開けて太郎とウロウロしていると、続けて入場してきたチワワさんが飛びついてきて、一瞬「噛まれたか⁉」ってくらいヒヤリとさせられましたけど、無傷でした。

でもこの一件で、太郎がすごく怒ってしまってガルルルル……とずっと不機嫌に。間違えて私を噛もうとしていました。

このことがあってから、太郎は一度もドッグランには出ようとせず、ドッグランダイレクトルームをとった意味がありません。

でも、ご飯の時間は同席ＯＫということで、機嫌を直した太郎さんと3人で夕食。ヒトはフレンチ、太郎は牛肉にしました。

翌朝は夫と太郎だけで私の寝ている間に早朝のみかん畑をお散歩してきたようで、あとから写真を見せてもらったのですが、みかんの季節に来れば食べ放題らしいです。

朝食は、太郎はマグロのプレートにしましたけど、ちょっと食べてあとは残してしまいました。

ヒト用の食事はオムレツやミネストローネなど、久々にバイキングではない朝食でした。

このオムレツは夫は磯海苔、私はシラス入り。サラダのドレッシングやジャムは手作りで、なかなかこだわりのあるおいしい朝食でした。

チェックアウトは少々早めの10時。

そこから、絶対に連れて行きたい海洋公園に車を走らせると、ちょっと行かない間にニューヨークランプミュージアムという新しい施設ができていました。そこでしばらく涼んで、外をお散歩して、こぶさらと来ていた頃を懐かしく思い出しました。

よく来たなぁここ、何回も……。

これで一応、こぶさらとよく行った旅先は3か所制覇しました。残りの、彼らと行った旅先四十何か所のホテルはどうでしょうね、行けるのかな、この子が生きているうちに。

今回も夫に、伊豆は何度か行ったから今度は那須に行こうと言うと、運転を渋っていたので（いつも那須に行こうと言うと必ず1秒以内に遠い、と言って渋ります）、人間の老化のほうが早そうです。

初めての冬とベッド

もうすぐ太郎を家に迎えて初めての冬がやってきます。家に来たのが3月3日、あの頃はどのくらいの気候だったのか、暑さ寒さがどの程度だったのかはあまり覚えてはいないのですが。

ここで一つ頭を抱えてしまうのが太郎の服嫌いです。そのほか、寝具環境というか……。

初めて洋服を着せようとした時、ものすごく怒りました。洋服を着せる時にこぶさらに怒られたことはなかったからびっくりしたのを覚えています。

まぁ、さらも洋服を着るのはあまり好きではなかったけれど、ここまでではなかったなぁ。

今、住んでいるマンションは大規模修繕をしていて昼間は窓が開けられず、正確な外気がどれくらいなのかあまりわからない状態です。

寒い夜もあるという自覚はあるのだけれど、太郎は未だ夏用のクールマットの上に寝ていることがあるのです。それでいてクシャミをしています。

寝ている時に毛布やひざ掛けをかけてあげるのも嫌がり、そーーっとかけてもすぐに気付き、ツイっと場所を移動します。風邪をひいて肺炎にでもなったら嫌だなぁと思います。

犬は毛皮を着ているんだから寒くはないんだって思うけれど、確かに背中はそうだけど（イノシシみたいにミッシリだから）あの薄皮饅頭のような可愛いポンポンが寒そうで。

こぶさらは、勝手に毛布にもぐってくれていたから、こんなこと考えたこともなかったなぁ。

太郎は私の足元で寝るのが好きなので、そこに暖かいベッドを置いておいたのに、もうそこでは寝なくなってしまいました……。

ベッドが嫌いなのか？

こぶさらの匂いがして嫌なのかな？　と、新しいワンコベッドも取り寄せたのに、使わず。

なので、お好きなところでどうぞ、ということで3種類の温度のベッドを準備しました。

冷たい環境から順に、①窓際クールマット、②いつも昼間、好んで寝ているソファの上にひざ掛けを置いておく、③太郎用新調ベッドにサラっとしたタオル、といった具合です。

夫の、「このモコモコした感覚が嫌なんじゃないの？」という言葉にそれもそうかも!!　とヒントを得ました。

太郎はサラっとした肌触りを好むようで、夏掛けなんかがお好みだものね。

今日は注文しておいた夏掛けが届いたので、さっそく使ってもらおうと思うけれど、どうかなぁ。

夫は「あーー、好きなところで寝たいだけなんだよねーー。きっとお前のことうるさいなぁと思ってる」と。

いやいや、私は、太郎が寒くないならいいんだけどね。

太郎14歳の誕生日

11月14日。太郎、私たちと迎える初めての誕生日でした。

14歳になりました。

こぶもさらも未だ到達したことのない年齢、14歳。


太郎は夕べ、玄関へ出て行き、ちょうど人の頭の高さくらいの宙を見つめて、大きな声でしばらく吠えていました。

叔母のMちゃんが太郎の誕生日前夜で、様子を見に来たのかも。

太郎は、MちゃんとH叔父さんと、今までどうやってお誕生日を祝っていたのかな。

なんだかバースデーケーキに灯っているろうそくに怖がっていたけど。

そのうち、おいしいステーキの匂いがしてくると、自分のためだ!! とわかったみたいですごい食いつき方！

太郎よ、君の安全と快適は私が守るよ。約束するよ、ずっとだよ。
だから、ずっとずっとそばにいてね。

そして神様、どうかどうか時計を止めて。

この子と過ごせなかった13年分、どうか時間の流れをゆっくりに調整してください。
この子をいずれ天にお返しする日が来るまで、まだまだいっぱい抱っこしたいし、
1日でも多く愛を伝えたいです。

神様お願いします。

太郎家の年末

従弟のKちゃんから太郎の育てのお父さん（H叔父）が亡くなったという連絡が入りました。

お天気の良い日に、叔父さんに病院の屋上にでも出てきてもらい、バッグにこっそりと隠した太郎に一目だけでも会わせてあげたいという野心はいつも私の頭の片隅にあったけれど、結局それは叶わずに終わりました。

また、叔父さんに見せてあげる予定で太郎のスペシャルアルバムを制作中だったのに、それも叶わぬこととなりました。

せっかく旅行の写真なども大分たまったのに。

今思えば、担ぎ込まれた病院のベッドで「僕なんかもう生きていたってしょうがないんだから」と冗談めかして言っていた叔父さん。

最後にこの子を引き継ぐ時に、「可愛がってあげてね」という固い握手が、叔父さんとの最後になってしまいました。

叔父、叔母、太郎の三人が住んでいたマンションも、業者がきれいに片付けて売却されたので、その片付けの時に太郎の血統書や、赤ちゃんだった頃の写真もすべて処分されたとなると、とても残念です。

Kちゃんや Yちゃん、私の母と来年、青山墓地に行く予定です。

寝ているだけでもいいから生きていてくれたら、いろいろ困っていることを聞けたのになという気持ちが残りますが、もう私たちがこの子を大切に守るだけです。

叔父さんに聞きたかった一番のことは、今まで代々のチワワの亡きあとはどのようにしていたのかということです。動物霊園に眠っているのか、手元供養としてお骨を家に置いていたのか。

私は今までの先住犬のお骨は手元供養でまだ家にあり、私の死後、犬と一緒に粉にしてもらい木のそばに撒くか、ハワイの海に流してほしいと思っています。

13歳になるまで育ててくれた叔父さんとMちゃんには、太郎本人に代わりまして、心から感謝していると、伝えたいです。

Kちゃんに電話で「叔父ちゃんが死んだこと、太郎には言っちゃダメだよ、悲しくなっちゃうといけないから」と釘を刺されました。

Kちゃんって、小さい頃からそういうところ気遣う優しい子供でした。なんか、人って変わらないね、そんなだからKちゃん大好き。

太郎はKちゃんと私が話している間、ジッと私のことを見ていました。察しの良い太郎のことだから何かを感じたかも。胸が痛くなってしまった。太郎の大好きなお父さん。

今年は太郎が来てくれたからクリスマスツリーも新調してオーナメントもシルバー一色にして、森の中のクリスマスを表現したつもりです。

太郎はイブの日に犬用ご馳走プレートにありつけました。すべて犬猫のごはんを作っている会社、コミフさんのものです。ヒトも一緒に食べられるヒューマングレイドの食材が使われています。この日のメニューはトマト風味ペンネ、かぼちゃの焼きコロッケ、ブロッコリー、サーモン蒸し、ロールチキン。

どれに最初に口をつけるか楽しみに見ていると、丹念にすべての種類の匂いを嗅いで、最初に食いついたのがサーモンでした。

そうです、この子はお魚大好き爺さん。

ものすごく満足げな顔でお魚を食べたあと、和室に走って行き大声で「ワン‼」と吠えていました。

爺ちゃん、ほんとにお魚好き。

夫にいつも「お前、本当は猫なんじゃ？」と言われている始末です。

太郎と過ごす初めてのお正月

太郎は我が家で迎える初めてのクリスマスに続いて初めてのお正月ということになりました。

太郎の養父母であるMちゃんと叔父さんが昨年他界しましたため、ご挨拶は控えさせていただきました。年賀状はなしです。

おせちも特には準備しなかったけど、栗きんとんや黒豆、かまぼこなど、喪中意識のない実母が送ってきてくれて、あとはお煮しめをダシから本格的に作りました。

これを作っておくと、年始の料理作りをちょっとサボってもお野菜はとれますからね。

喪中ということで初詣には行かなかろうと思っていたけど、自宅からすぐ近くにある神社に、三が日を避けて太郎を連れて行ってみましたが、混み過ぎていたため、別の神社に急遽変更しました。

この日は寒かったらやめようと思っていたけれど、幸いポカポカとしていたので太郎をスリングにインして行きました。

とはいえ、やっぱり冬のお出かけ。太郎の心臓のこともあるし、寒いある日お散歩に無理やり連れ出して出先で急逝してしまったワンちゃんの話も聞いていたので、なんとか暖かい服を着せたいんだけれど、洋服が嫌いな太郎は怒って絶対に袖を通してくれません。このことで実はずっと悩んでいました、冬の外出の時はどうするのかと。

怖い怖い温度差。

以前、こぶさらの主治医に夏の暑さよりも何よりも怖いのは実は冬の、特に温度差です……と言われたことが今でも頭にしっかりと張り付いています。

スリングには入ってくれるのでその上から自分が大きなマント状のコートを羽織って防寒、なんとかこれでいいかも？　という感じだったので、安心しました。

まん丸とした太郎の柔らかい体と、私の体温でポカポカとても暖かいです。

こんな幸せな気持ちになるのなら、やっぱり子供を作っておくべきだったのかな、なんて変なことを考えてしまいました。

夜、楽天でいろいろ見ていたら「ママコート」という幸せなものがあるのですね。

なんかカンガルーみたいにコートの続きの生地でできている袋状のものに赤ちゃんを入れて、お母さんと向かい合っているような恰好になるみたいです。

これは安いし便利です。ペット用では見たことがないから、案外とあるといいのかもしれないな。最近、赤ちゃんグッズ専門のお店で買った洋服を犬用にリメイクするのが流行っているようですし。

太郎は洋服は着てくれないけれど、犬用バスタブなども売っているし、いいな。

愛犬用のグッズはちょっと高いけれど、ヒト用のお店のもので犬に使えるものって結構あるんだなぁ、と勉強になりました。


翌日、太郎がお昼寝中に夫と神社へ遊びに行くと、露店は去年よりも減っていて、その代わりにキッチンカーがずいぶん出ていました。ブラブラと見て回ったけれど、どれもこれも見ていると食べたくなって、クレープやケバブ、ホットドッグなど結構食べてしまいました。その日の夜はワインだけでいいわってことになり、その余韻が1日経った今もまだ残っていて、胃がドドドーンともたれ中です。

前日にひいたおみくじが中吉で、納得いかなかったので、もう一度ひくと今度は小吉。

別の神社に移動してひくとまたまた中吉。

夫が横でゲラゲラ笑いながら「嫌だねー。そういう欲深い人には絶対大吉は出ないんだよ。俺みたいに1年に一度ひけばいいの」と威張っていて、何が出たのか聞いてみると、なんだい小吉じゃないの。

お賽銭は今年はちょっと奮発して、昨年まるまる太った太郎坊やを迎えた感謝を伝え、どうかどうか太郎の健康を守ってくださいと、二礼四拍手一礼。

自分や家族のことをお願いするのはすっかり忘れていました！

ウェルネスの森 伊東　記念日旅行'20 1月

近場をうろちょろ旅して回る太郎一行。今回は結婚記念日旅行と称して伊東へ。たまには遠方へ足を伸ばしたいですが、太郎を置いて行くということが考えられないので、また近場となりました。

ホテルは2度目となる「ウェルネスの森 伊東」です。太郎との旅は去年3月3日のお迎えから4回目です。

今回のところは2ベッドルームの120平方メートルのスイートルーム。

夕食はビュッフェスタイルです。

今回は初めての挑戦がありました。

宿泊した時、今まで太郎と離れないで食事がとれる場所にしていましたが、今回は私たちがレストランに行っている間、太郎が良い子でお留守番ができるかどうかです。

太郎には自分たちの食事前に晩ごはんをあげて心臓の薬も飲ませ、部屋に放さず、家から持参した大型のテントのような犬用ケージをセットし、おやつと水とベッドとトイレを中に置いてからレストランに行きました。おやつは、人の目がない時に与えても安全なものを選んでいます。

薬をあげようと思ったら、薬を包む赤ちゃん用のチーズを持ってくるのを忘れてきたことに気がつきました。

焦ったけれど、なんとかなりそうだと静かにまわりを見渡すと、ヒト用のおやつに持ってきた厚切りバウムクーヘンがありました。

これをちょっぴりちぎって包んであげたら、バウムに予想以上の反応で、ちょっぴりじゃ済まなくなり、もっとよこせ！　と大興奮でした。

私たちの食事が済み、「太郎ただいまー！」と部屋に入り、見れば太郎はグーグーと寝ていました。

夫は夕食の後、夜食サービスで夜鳴きそばラーメンを食べに行っていたけれど、私はさすがに満腹で行けませんでした。

醤油味のおいしいラーメンだったと。うーむ悔しい。

温泉に浸り、1月ももう中旬か、早いもんだ、なーんてボンヤリしていたら、お婆さんが話しかけてきて、

「ちょっとお宅、夜鳴きそば食べに行きました？」

「いえ、私はお腹がいっぱいで」

「あらそう、どうしよう、私もお腹いっぱいなんだけど、楽しみにして来たからねぇ、どうしよう」

とすごく迷っていらっしゃるから、

「行かれたらどうですか、せっかくだしね」

「だけどお腹いっぱいだしねーー。量はどれくらいなんだろうね？」

「サービスだから、そんなにないんじゃないかな。大丈夫ですよ、行かれたら？せっかくだからね。おいしいらしいですよ」

「でも、食べられなかったらもったいないし」

いや、行ってくれ、お願いだ。むしろ行くべきだ。あの分じゃ万が一食べなかった時、あの世に行くまで後悔するであろう。

夫はベッドではなく、布団を敷いて太郎と寝ると言い出したので、協力して重いベッドを動かして一緒に布団を敷きました。
私はバスタオルをベッドに敷いて座布団をステップにすれば太郎もベッドに上がってこられるだろうと見ていましたが、太郎はもうお肉をいっぱい食べて、布団の上でグーグーと大イビキで寝てしまっている……。

翌朝、朝食はビュッフェだったのですが私はご飯でもパンでもないもっと良いものを見つけました。自分で中華そばをゆがいてだし汁に入れ、かまぼこや三つ葉をトッピングして食べる「鶏そば」です。いつも食べ過ぎて帰りの車中で腹痛になるのだから、今日はこれくらいにしておこう。この年でやっと学習したようでした。
朝市でみかんやわさびを買って、朝湯はやめて部屋でゆっくり。

この日はお天気も良く、暖かかったので伊東マリンタウンでコーヒー休憩の後、またしばらく走って、湯河原のエスポットというスーパーに寄りました。このスーパーは何でもあるし、とにかく安いので私たちは伊豆旅行の際には必ず寄るのですがいつも旅行中であることをすっかり忘れてたくさん買い込んでしまいます。

この日はちょうどランチの時間を過ぎていたので、好きなものを買い込み車中で天窓を開けてピクニックです。おむすびにかつサンドにヨモギ饅頭。太郎君も犬用カップケーキ、ちゅーる、そして水分補給。

犬がいるとなかなか一緒に入れる飲食店もないし、かといって車中に置き去りにはしたくないので、いつもこのように出先のスーパーなどで買い込んできて食べます。

これはこれで、味をしめると楽しいものです。


もうすぐ春がやってきます。

さらお空組2年生進級

今日は私の大切なチワワの愛娘「さら」の二周忌でした。

去年の一周忌は、叔母のMちゃんのお葬式の準備で、どうやって過ごしたのかも忘れるくらいに忙しかったけれど、今日は午前中にａｍａｚｏｎからの荷物を受け取る予定だったので、家で過ごしていました。

そこへやってきたのは、ａｍａｚｏｎではなく、ちこちゃんママ（心臓病チワワのブログ仲間）からのお花とお線香、お菓子のプレゼント！

お菓子はさらにお供え用と人間も食べられるお菓子。

ちこちゃんママの愛娘ちこちゃんとは、お空組の同期生。きっと今日はちこちゃんとさらとこぶ丸がご馳走を食べに、みんなで一緒に戻ってくると思い、みんなの分の鶏の唐揚げを作りました。（お空組の子は、唐揚げも食べられる）

今、思い出しても、あのさらとのお別れの日は寒過ぎた……。もしあの日、今日みたいにポカポカ陽気の日だったら運命は変わっていたのだろうか、といつも考えてしまいます。

病院に電話したあの日が暖かかったら、さらはまだひょっとしたら、私たちと一緒に山に遊びに行ったり、お部屋で楽しく過ごしたりしていたかな。

心臓病での長い入院生活後、自宅に戻っていたさらは、1日に何時間かは自宅に設置した酸素室にいたのですが、いつもより咳が長く続くため、病院に連絡し、担当のH先生に繋がりました。

「寒過ぎるから酸素室から出さないで」「手元にさらちゃんを救う薬はすべてある」そんな天からのお告げのような先生の言葉に少しホッとはしたものの、最愛のパパが仕事から帰宅するのを待ち、さらは旅立ちました。

このH先生は、こぶ丸時代から長年お世話になったベテランの先生で、お人柄・技量ともに私たち夫婦も大変信頼を寄せていました。

入退院を繰り返していたさらが、大好きなおうちで最期を迎えるタイミングをキャッチしての最適な判断だったとは今も思うことです。

この極寒がトラウマとなってしまった……。でも、今さらこんなこと言っても仕方ない。

今日はきっと鬱々とした1日になってしまうのかと思っていたけれど、ちこちゃんママのおかげでお花にとっても癒やされて、もうそんな悲しいことは考えないようにしました。

さぁ、ちこちゃんも、さらもこぶも、そのほかのお空組のみんなも、みんなで仲良く食べにおいで。

豪勢な物はないけどね。みんなで仲良く食べに来て、明日からまた虹の橋のたもとで待っていてね。

さら、みんなにいじわるをしないで分けて食べるんだよ。

ちこちゃんママがお菓子まで準備してくれたよ。

ありがとうね、ちこちゃんママ、本当に良い二周忌になりました。

今日、私が、あなたが……できることはなんですか

無償の愛や癒やしを与えてくれる自然や動物。そんな動物に対し、私たち人間はどうなのでしょうか？

世界で一番殺処分の多い国、それが私の住んでいる日本です。

なぜ年老いた犬が牢獄のような行政の保護施設の鉄格子に入れられ、果てには冷たい鉄板の上で殺処分されるのでしょうか？　私には意味が良くわかりません。

しゃべれない犬や猫がドリームボックスと呼ばれるガス室の壁に爪を立てて、最後まで飼い主を信じて待ち続けて、死んでゆきます。

中にはガスで死にきれなくて生きたまま焼かれる子もいます。

決して安楽死なんかじゃないことを知ってください。

フローリングを張り替えてきれいな床になったからもう犬を歩かせたくない、旅行の留守番さえさせるのが面倒……、マニュアル通りにしつけがうまくいかない……。

そんな理由で可愛い相棒を捨てるのをやめてください。


また、アクセサリーでもないので、お爺さんがサプライズでお孫さんにクリスマスプレゼントとして犬を与えるのもよく考えてからにしてください。

莫大な医療費がかかることになるかもしれないことも考えてくださいね。お留守番だけの人生（犬生）にならないかどうか、そんなことも考えてみてください。

あと、自分のお年を計算してその子の最期の日が来るまでお世話をしてあげられるか、そこも考えてみてください。


毛皮にも反対しています。パーキングエリアで売っている小さなキーホルダーになるために、また、人間の愚かな見栄を満たすファッションのために、仲間の目前で生きたまま熱湯にぶちこまれる動物がいることをご存じですか？

地球は人間だけで成り立っているわけではありません。

犬だって猫だってお昼寝をしたり、寝言を言ったり、おやつがほしいなと思ったり、私たちと同じ感情のある生き物なんです。

どうかどうか犬の気持ち、猫の気持ち、すべての動物の気持ちを最後まで裏切らないでください。

犬や猫は最後まで人間を信じて待っています。

愛しか知らない犬や猫と暮らす体験は、本当に素晴らしいものです。

お世話は時に大変だけど、それを超える、言葉では表せない素晴らしいものがあります。

そんな素晴らしい小さな命に、ペットショップではない場所で出会うという選択があります。ペットショップでしたら、売れ残りでうずくまっている子も見てあげてください。売れ残った子の運命もまた悲惨なものです。こぶもさらも実は月齢がかなり超過していて、大分値引きされていた子です。こぶは何店舗も回されて、やっとうちの近所に辿り着いた時私達に出会えたのでした。

是非「保護」という言葉を思い出し選択肢に加えていただけると、もっともっと素晴らしい住みやすい国へと成長していけるのではないかと思っています。

小さな声をあげていくだけでも、マシだと思います。

ガスで安らかに眠っているうちに死ねるような安楽死でないことを知って驚く方が未だにいることを考えると……。

私は、殺処分根絶のために頑張っている団体に毎月わずかですがカード引き落としで寄付を続けています。わずかでも応援し続けるという方法は団体にとっての力になります。

太郎の記憶

先日、思うことがあり、以前みてもらったAC（アニマルコミュニケーター：動物さんと意思を通じ合わせることができる人）さんとは別のミディアム（霊能者）の方に太郎のことを少し聞いてみました。

その結果、太郎は時々叔母のMちゃんや叔父さんのことを思う時間があって、Mちゃんが亡くなった当日もすべて事情を理解していたそうです。その時太郎はMちゃんと一緒のところについて行きたかったということです。

太郎がこの家に来てから1年が経つけれど、時々せつない表情を浮かべていることがあります。夫と「まだもちろんMちゃんのことは忘れていないだろうねー」なんて話すこともあり、今回聞いてみたらやっぱり忘れられないそう……。

それはそうだろうな、13年も一緒に暮らした群れが（群れといっても太郎を含めて

3人ではあったけれど）突然解散になったわけだから。かわいそうに、解散当時はとっても孤独で不安で寂しさでいっぱいだったということ。

預け入れ先の動物病院で血尿が出ていた頃か……。

今も少しその気分がフラッシュバックするのかな。この小さな頭で一生懸命忘れないように思い出を辿っているのかな。

でも今はほとんどワクワクする気分で私たちと暮らしていると最後に言われたので、ホッと救われました。

でもやっぱりあの壮絶なケアレスの何日間は彼の脳裏に相当深く焼き付いてしまっているそうです。Mちゃんは自宅で亡くなってしまったので、救急隊の方たちが一斉に家に突入してきて蘇生処置を施している間、太郎は相当不安な気分になったらしく、今でも私がトイレやお風呂に入ったりベランダに出たりするとたまにではあるけれど、ドアのすぐ外にスタンバイしていて出てくると私の顔をジッと見つめたりするのです。

Mちゃんは頻繁にこの家に太郎と私たちの様子を見に訪れているそうです。

いや、それはわかる。もし私がMちゃんだったらこの家の座敷わらしになるだろうな。

「だからたまに宙に向かって吠え続けているのですね」と言ったら「それは違います。他の霊」ということ。

ガーーーン！　誰っ！

それから、太郎は家に来てからワクワクするわけの一つにお散歩の回数が増えたことがあるらしい。

これは従姉の証言と一致している。

散歩中、ふと太郎を見ると、笑顔になっていることがよくある。

そういえば、いつも行く公園のチューリップがきれいに咲いているので、先日太郎を連れて見に行くと、桃太郎という名前のチューリップが元気よく咲いていた。

ひどいひどい話

先日、何気に目にした新聞に獣医大学によって行われた、犬を犠牲にしたひどい動物実験の記事が載っていました。5日間も連続で毎日同じ子を実験台にして、麻酔もあやふやに全身のあらゆる部位の凄惨な実験手術を繰り返し、5日目には大腿骨の骨を外して、最期には注射で殺すという……。

たまたま内部の学生から「こんな授業は本当に必要なのか？」という告発で問題になったらしく、今はやっていないけれど確かにそういった事実があり、手術をした教授に問うたところ、毎年の課題授業のようなものだし、やることに決まっている、といったような答えが返ってきたらしいです。

手術台に乗せられた犬は、毎晩、手術後の痛みで檻の中で鳴き続けていたらしいけれど、当然誰も助けてはくれない。

その犬がどんな恐怖と痛みと絶望感だったかと思うと、実験台になったのは私ではないけれど、私の魂は確実に殺されてしまいました。飼い主に捨てられただけでも心に大きな傷を負っているというのに、その上なぜこんな目にあわなければいけないのか？

また、相変わらずの犬食文化が止まらない国があり、一時期問題になったのにやはり闇ではまだ続いているといいます。

たまたまニュースで見たのはメスの小型犬で、殺される現場に綱で引かれていくのだけれど、怖くて腰が抜けてしまっていました。

これも私が連れて行かれたわけではないけれど、完全に魂が殺されてしまいました。

諸外国では現在は、動物実験は実際の生きている動物は使わずに、精密な生きている動物そっくりに機能する模型でやっているそうです。

コロナコロナと騒いでいるけれど、人間だけ安楽に生きて、自然や私たちの大切な仲間である動物にこんなことをしておいて、人間だけズルく生きのびようとしているのでしょうか？

気持ちや個性のある動物がどんなひどい目にあっても関係ないのかな？

この教授は、もし自分が同じことをされたらどうだろう、ということが考えられないのかな？

苦しんでいる動物を前に、どうして平然とそんなことができるのでしょうか？

このニュース記事を読んで、前々からいろいろな話は知っているけれど、結局こういうところが変わっていく必要があるのではないでしょうか。

そんなに動物たちに優しくない世界なら、もう私は今生で生を終えたら、二度と生まれ変わってきたくはないと思います。

聞くのも苦しい。

動物の命に対してはこんなことをしておき、政治家が「命の大切さを教え、青少年の自殺を防止しよう」などと言っているのも私には意味がわからないです。

そしてひどい目にあった動物に心から「ごめんなさい、怖かったでしょう、痛かったでしょう」と謝り、「良い場所でゆっくりしてね」と、毎日祈っています。

私の心の底にいつもあって、思い出すたびに重くなる私の心。

人間のニュースはパッと気分を切り替えられるのに（児童虐待をのぞく）、動物のひどいニュースをうっかり見てしまうと、そのあと鬱のようになってしまいます。

家事も仕事も手がつかなくなるんです。昔から変わらない一番の恐怖です。

私は前世、保健所で殺された犬だったのではないか。気持ちが異常にわかり過ぎて心が張り裂けそうになって辛いなんてものじゃない。

今、地球の変化がすごいスピードで進んでいて、今の時代に生きている私たちは、細い針の穴を通るほどのちょうど大変なタイミングにあるらしいです。

でも、これを抜ければ、目に見えないものに対してまったく鈍感な人か、それとも覚醒してどんどん素敵な世界を知り追い求める人、このどちらかに振り分けられるそうです。

動物の権利をちゃんと守ってあげられる、それから自然に対しても優しい世の中。どんな人でもお金の心配をすることがなく、貧困や格差もなくなって、みんながそれぞれ自分の個性を大切にして生きていける素晴らしい世界。

それらのことはバラバラではなく、きっとどこかで一つに繋がっているのだと思います。

14歳太郎が我が家で迎える2回目の夏

8月。言いたくないけど暑いです。

年寄り同士、手を組んでこの夏も一緒に乗り越えたいです。

お盆に、こぶかさらかはわからないけど、帰ってきている気配を感じます。

キッチンにいると冷蔵庫が、書斎にいると本棚が謎の音を出します。

おりしも今月20日はこぶの命日も来ます。私の人間の弟の命日も8月22日なので全員集合なのかもしれません。


夏休みに入りましたが、夫がコロナウイルスを怖がっています。車移動でコテージで自炊なら絶対大丈夫と説得しましたが、結局おこもりです。

そんなに怖いなら同じマスクを裏返して再使用するのはやめたほうがいいのに。

太郎はフワフワのベッドより硬い床のほうがお好みで、クーラーの真下を占有してほぼ毎日お昼寝をしています。

本当に気持ちよさそうに。


4日前に心臓の検査のために動物病院を受診したところ、心臓の大きさ変化なし、機能悪化もなしでした。去年の3月3日に家に迎えてから変化なしという状態です。千葉の先生にも引き継ぎの時に、薬を投与するかしないかは新しい先生と相談して決めてくださいと言われたので、そもそもそんなに重くもないみたいなのかな。

今のところは8分の1にカットした1ミリくらいの小さな薬を朝（クリーム色）晩（白）1かけらずつ飲ませています。

あと、肝臓の数値が悪かったので、ウルソを飲ませています。

爺ちゃんなのでどこかにボロが出るのは仕方がないです。

それとも爺ちゃんは酒の飲み過ぎかい？


太郎の手や足の付け根の部分が茶色く変色してきていました。私は老化による色素沈着なのかと思っていたら前回、典型的なアレルギーと言われてびっくりでした。太郎がかゆがってかいたりしているのを一度も見たことがなかったですし。

そしてこれはまたまた謎なのですが、ご飯を自分で食べなくなったのです。これは老化現象なのかな。

食欲がないのかなと思ったのですがそうではなくて、手であげるとすごい勢いで、私の指や手の平まで食いちぎりそうな勢いでたくさん食べるのです。

メニューは手作りで肉、肉、魚、肉、魚、肉くらいのペースであげています。うちは、先代犬のこぶ丸を迎えた時、ペットフードだけを与えていましたが、次第に食べなくなり、流れで手作り食に切りかえることになったのです。

一体必要な栄養に満たされた食事をちゃんと作れるのか、これで悩まれる方は結構多いみたいですが、私もこぶ丸のいたペットショップの方や犬飼いの先輩などにいろいろ聞いたのですがやはり不安でした。しかし横浜の母に電話で話すと、「あら、私はあなたを育てるのにいちいち栄養計算なんてしなかったけど」と言われ、何かアッサリと納得。

それからはネットで獣医師広報版を参考に、何パターンかをモデルとし、日によってお肉の部分をお魚にしてみたり、じゃが芋をかぼちゃに替えたりと、楽しく犬ごはんを作れるようになりました。先生に太り過ぎを注意するように言われているので、最近ブッチ（太いソーセージ型の、ワンちゃんに大人気の総合栄養食です）で肉の量の3分の1を代替えしています。ダイエット効果には即効性がありましたが、最近は最初ほどは食いつきません。

食べさせるスタートが少しでも遅くなると、すごい声で食べさせてくれるまで吠える吠える！

まぁ食べる食べる……ちょっと量を少なくすると足りないと文句を言います。

最近、立ち上がりがちょっと不安定というか、後ろ足を動かすのに少し苦労しだしたみたいなので、ネットでみつけた「手作り食指導」の先生の本に載っていたヨガマットを昨日から敷いてみました。今まで100円ショップのジョイントマットを敷いていましたが、こちらのほうが滑らないからいいかもと思ったのです。

夏休み中は、夫による早朝散歩がとってもうれしかったみたいで、私には気のせいか塩対応の太郎でした。

太郎の老化

太郎はこの頃、立ち上がる時に少し苦労しているみたいで、時々、大雪の中にはまった車のタイヤみたいになっています。

でも、先日購入したヨガマットを敷いてあげると、今まで5～6回震えながらやっと立ち上がっていた場所でも痛快一発！　で、1回で立ち上がります。

本人も自信回復したような表情をするから、私もとてもうれしい。

相変わらず太郎は数ある自分のフカフカベッドには見向きもせずに、硬いフローリングの上で寝ています。

なぜか新聞紙の感触が好きみたいで、新聞紙を敷くと必ずそこに寝て、私が出かける時に見た太郎の寝姿勢が、帰ってきた時も同じだったりします。

ご飯を食べさせてあげないと食べないという現象が相変わらず続いています。

この頃すごく甘甘モードで、仕事をしていてもチャッチャッチャッチャと歩いてきて、私の足をシャッシャと2回こすると「抱っこ」のサインです。

しばらくギューーっと抱っこしてあげると、いつまでもその姿勢のままでいるので、著しく作業が停滞します。

でも私も、もう目が疲れたから今日はこれくらいにしようと、いい口実になるんです。

抱っこするとプ～～～ンと太郎の匂いがして、幸せ感で胸がいっぱいになります。

自由な太郎が丹沢に暮らす

朝晩、冷えるようになってきました。

老犬太郎は夜にお腹を冷やすと翌日お腹をくだしてしまいます。できるだけ気づいた時にはお腹だけでも暖かいものをかけてあげようとするのだけれど、自由太郎はこれが気に入らないらしいのです。

あんなに熟睡していたのに、お腹あたりに毛布が触れるのに気がつくとパッと目を覚ましサッと移動。それで旅に出ます。時には玄関、時には窓際のヨガマットの上と、自由気ままに……。

こぶさらも少しはそういうところがありましたが体が牛柄だったため、夜間でも存在がわかりました。ところが、自由太郎の場合は体色がフローリングと同色で、トイレに起きたヒトは危うく踏みそうになり、完全に寝ぼけた頭が覚醒します。それから夜明けまではあまり熟睡はできないから翌日がちょっと眠いので困ってしまうのです。

今、バラがきれいな季節でいろいろな公園に咲いているのを見に行っては香りを楽しむのですが、太郎に「いい匂い！」と言ってもあまり興味はないみたいで。

でも、どこかに焼鳥屋さんの車などが来ていると顔つきがキリっとなって首を突き出して真剣に探す探す……。

こぶは川の水の流れやお花の香りが好きでいつもクンクンと丹念に花の香りを楽しんでいたのに。

本当に単純明快なわかりやすい自由太郎です。

太郎15歳に

今日は太郎の15歳バースデーでした。

こぶ丸は13歳になって2か月後、さらは13歳になる1か月前に虹の橋へ引っ越したから、14歳の子は初めてでした。15歳の子となると……。

大丈夫かな、いよいよここからは手探りの世界です。

太郎をうちに迎えてから2回目の誕生日ですが、そんな気がしません。あっという間でしたから。

食事は前年と同じくステーキを焼いて今年は山盛りにしてあげました。

最初にケーキをあげました。ケーキを食べた量を見てからお肉の量を調整しようと思い、犬用ケーキを丸ごと目の前に置いたらかぶりつき、わき目もふらずに半分一気食いすると食べるのをやめたので、お肉はもういらないかなと思ったけれど、お肉も半分食べていました。

そして水をチャピチャピと飲むと、血糖値が急上昇したのか、やる気まんまんな感じになって、ワンワンとしばらく吠え続けていました。

吠え疲れたら、今度は大イビキで熟睡。


私もいつか一度はやりたいと思っているホールケーキのかぶりつき、太郎はうれしかったのかな。

元の養母であるMちゃんは人間の食べ物は犬の健康上控えるほうだったらしい。犬用ケーキがあるなんてきっと知らなかったかもしれない。

あげる前に少し味見したけれど、ソフトなチーズとふんわりしたクリームのケーキでした。あまりヒト用と差がないような味がしたけれど大丈夫なのかしら。かなりおいしかった。


太郎、一緒に年を重ねていこうね。今年もよろしく。

君と私はソウルメイトなのだから。

いつか君の目が見えなくなったら私が君の目になるよ。

耳が聞こえないなら私が耳になる。

寝たきりになっても安心してね。大丈夫、いつも私がそばにいるから。

私の喉が渇いた時は、きっと太郎もお水が飲みたいよね。いつもトイレのタイミングやお水や、いろいろ似ているから、大体見当はつくよ。

大好き大好き……何回言っても足りないよ。


こんなに幸せな気持ちにさせてくれてありがとう。

太郎、愛してるよ。

ありがとうね、太郎。


15歳の子は育てたことはないからこれからどうなっていくのかな。

薄めた初恋

いつもは自由な場所で寝ている太郎だけど、最近寒くなってきたせいか、私の寝ている和室に来ることが多くなりました。

一昨日の夜中に何かの気配を感じてふと目が覚めるとナイトランプの影に太郎のシルエット。

ジーーーっとこちらを向いて立ち尽くしています。

耳の聞こえない太郎に手招きで「どうしたの？　おいで」と言うと、まるで言われるのを待っていたかのように、太郎にしては速い足どりで、トットットと私の胸のあたりまで来ると、なんとも絶妙なタイミングで私の唇をペロペロっと二舐め！

あぁ、そういえばこの頃チューチューしてくれなくなっていた太郎ちゃん、思わず太郎を抱き寄せました。

太郎の愛しい匂いがプーンとしました。

なんだか夜中で一瞬のことだったのに、朝起きた時も思い出してはうれしくなって。これって、初恋の気分を何倍かに薄めたような気分かも。

そうだ、こぶがいた頃からなんだか不思議に思っていたのでした。

この、犬でないと湧いてこないキューーーンとした気持ちってなんだろう？

それでしばらく考えていて、ある日どなたかの犬ブログを読んでいる時に、私の気持ちをそっくりそのまま代弁する文字が記されていたことを思い出しました。たしか、犬と暮らすのは、初恋の気分を何倍かに薄めた気分が毎日続くようなものだ、といったような内容だったと思います。

太郎と私。運命に翻弄される一匹の動物と一人のヒトがある日ラッキーにも出会いを果たし、この世界の防空壕のような悲しい天国で、ここでだけは嘘のない生き物同士の時間を過ごそう。

君と私で、かけがえのない、二度と訪れない、今日というこの日を、同じ時間を大切に過ごそうね、という思い。

私の場合は、ヒトとの恋愛で使うエネルギーとは比較できない、まるで大地を揺るがすようなエネルギー。

言葉でコミュニケーションできない異種間であるというところにその鍵が隠されているような気がします。


太郎の15歳の誕生日には、最近知ったおもちゃのノーズワークマットをプレゼントしました。ノーズワークマットについているポケットやヒダの中に、おやつを隠します。隠したおやつを犬が嗅覚を使って探し出すのです。

まあ、彼らしいといえば彼らしいけれど、「何ですかね、これ？」という顔でまったく興味を示さなかった！

最初におやつをヒラヒラのヒダの中に隠しました。太郎は到底わかりそうになかったので、おやつの場所をわかりやすい場所に変えて置いてあげました。

マットの上に1粒のプッチーヌがポツっと見えます。

そして太郎の目線はどこに行っているかというと、私の右手に持っているプッチーヌのたくさん入っている袋。


彼の気持ちはおそらくこうですよ。

「探すのはめんどくさいから、右手のまとまった量のおやつ、それを僕にちょうだい」

あぁ、嘘でもいいからちょっとは楽しい振りをしてほしかったのに……。


太郎はアレルギーで、足先とか胸のところとかが、少し黒ずんできていたんだけれど、一昨日、心臓の検診の時に先生に相談すると「あ〜あ、こんなにひどくなっちゃって〜」と言われてしまいました。

でも、私もこんなに黒ずんできたのはそんなに前のことではなくて、最近気になってきていたくらいだったのです。

それで今、抗生剤とシャンプーが出て治療中です。アレルギーといっても、本人がかゆがってかいている姿は一度も見たことがなくて、加齢によるものと思っていたらどうやら違うみたいでした。

心臓の検査のほうは、心臓の悪化なしということでお薬もそのままで、量の変更もなしでした。


来年は何か良いことがあるといいな。

でもそれは無理だとは思います。動物にいろいろひどいことをしておいて人間だけが無事に過ごそうというのは……。

逃亡未遂と大吉

おみくじで大吉をひいたのなんて、いつが最後だったのかまったく覚えていないほどだったので、うれしくて思わず神社でむせび泣くところでした。

通常は境内で木の枝に結びつけて帰宅だけれど、今回は折り畳んでお財布へ。

そういえばこの数年、太郎が来てくれたこと以外は毎年忍耐忍耐で過ごしてきたような気がします。

今年こそは何か希望が少しでも叶うのかな。

新年早々、太郎が「逃亡未遂」をしました。彼はお洋服が嫌いなので、散歩に行く日はなんとか少しでも暖かいものを身にまとわせたいと思い少しフワフワした部分があって大きめだけれど、こぶのお古のハーネス（冬用）を苦し紛れに太郎に使っています。

それをつけて先日、太郎の大好きな山までドライブしたのだけれど、あまりにお天気が良く、駐車場からはるか遠くの山の向こう、雲の下に相模湾が見渡せたので写真を撮っていたのです。広場には太郎と私しかいません。

そして、パッと太郎のほうを見たらなんと、少しゆるめだったこぶのお古のチェックのハーネスを、もがきながら脱ごうとしているではありませんか！

リードはめいっぱい伸ばしていたから太郎爺ちゃんは8メートル先に！

焦って近寄ったちょうどそのタイミングでハーネスが頭からスポッと抜けて、思いっきり焦りました。

裸ん坊のツンツルテンになった太郎爺ちゃんは、ハーネスからもリードからも自由の身。

しばらく呆気に取られてお互いどうしていいかわからない状態でした。

でも、太郎爺ちゃんはそこから速足で走りだすでもなく、何かちょっとバツが悪そうな顔をしてジッとしていました。

太郎が脱ぎ捨てたハーネスは草のイガイガだらけになって使用不可に。

なんだかビビってしまってその日の散歩はそこで終了しました。

このところ太郎は甘えて、夜は私の顔のすぐ横5センチの位置で寝るようになりました。

明日も暖かそう。私は、2月1日の極寒の日にさらを見送っているので、寒さはトラウマになっています。

太郎と私の試練

日曜日は夫が太郎をグルーミングに連れて行ったのでした。

私が連れて行く時は、その間に買い物をして時間になれば迎えに行っていましたが、その日、夫は店のガラス窓の外から受け取りの瞬間まで、グルーミング中の太郎をずっと見守っていたそうなので、そこでの事故ということは考えられません。

次の日、太郎は歩けなくなっていたのです。最近の歩行は老化のせいもあり（と私は思い込んでいました）調子の悪くなってきた右足を左足が見事にカバーして、たまには危なげな日もあったのですが普通に過ごしていたのです。

実は、1年ほど前から先生に太郎の身の振り方がちょっと落ち着き過ぎなのか、ホルモン系の病気、いわゆるクッシング症候群ではないのか？　と言われていました。水をたくさん飲み過ぎるという私の申し出もあり、まずペットボトル法で1日の飲水量を測り、次にコルチゾールの値を測る検査を受けていました。

これはある薬剤を注入して1時間後にそれがどう働くか、血液を採って調べるというものですが、この時の検査では異常値は見られず、かといって正常ではない、いわゆるグレーゾーンというところに太郎はいました。

そこから1年半ほど経過していたので、もう1回経過をみたほうがいいよと先生から言われていたので、近々調べる予定ではありました。

コルチゾールのことをネットで調べると、あてはまる症状のすべてにチェックが入るほどでした（特に皮膚の黒ずみや脱毛など）ので、これはもうグレーゾーンを超えたかもと、そればかりが頭にありました。でも、一方でそれらの症状は老齢犬の症状とも重なってもいるという厄介なもので……。

ところが、いつもお世話になっているこの病院は大変人気があり、混雑状況をスマホで見ると毎日「待ち時間80分」とか「200分」などと表示されています。

太郎を200分も待たせるのは心苦しいし、私の体調もあまりよくなかったので、そのうち一週間くらいしたら、きっと空いている日が出てくるのだろうとチャンスを待っていました。

クッシング症候群でも、ほうっておくのは合併症を引き起こし、命にかかわる状態に陥ることもあるようなのは気になりました。

月曜の夜、昼あたりから様子を見ていましたが、太郎の足がカクンと、まるで壊れた折り畳みの傘のように、肥満で関節が痛いからとかそういう感じではなく、立てなくなったのです。

スマホでかかりつけの動物病院の混雑状況を確認すると、閉院時間の19時を回っていましたが、患者さんがまだ4人います。

そこで隣町の夜間病院に連れて行こうかと思いましたが、足腰が弱るという症状も確かにある、クッシング症候群の症状が出ているからと、急いで連れて行くのも果たして処置ができるのか、なんだか違うような気がして、次の日は病院が休みだったので、水曜日に改めて連れて行こうと思ってしまったのです。

ところがその判断が間違いでした。

今、冷静に考えれば一刻も早く混んでいてもいつもの病院に連れて行くのが正解だったのです。先生はきっと診てくださったでしょう。

水曜日ともなると、太郎は犬が変わったように夜中にいつまでも吠えています。私が近寄ると唸ったり噛む真似をしたりして、病院に連れて行くどころではなくなりました。狂犬病の犬のようになって近づくことすらできなくなり、夫と頭を抱えてしまい、夜中は可能な限り交代で抱っこをしたりして、なんとか吠えるのをなだめて近隣のご迷惑にならないよう、明け方近くまで起きていることに。

後ろ足が動かないので自由に行動することができなくて、それでイライラもあったかもだけれど、あとから思えば痛みが強かったのです。

でも、ご飯の時間になると良い子になり、いつも通りモリモリ食べてくれて、おしっこ、うんちがしたくなると私を呼ぶし、自由の利く手を使い、トイレまで自力で這って行きました。今まで粗相をして叱ったことなんか一度もないのに（そもそも粗相もしないので）、太郎は頑なにトイレの場所を守っているようでした。

とはいえ、お腹の調子も悪くなり、間に合わなくなることも多く、私は1日中洗濯をしていました。

でもこういったこともクッシング症候群の症状に含まれているので、そのせいなのか？

土曜日に夫の車で朝一番で病院にやっと連れて行くことができましたが、

ａｍａｚｏｎで、噛む犬用の本革の、それも肘まである手袋（警察犬の訓練などで使う分厚い保護する道具）を買って、やっと捕まえました。

夜中の時間のように一瞬でも甘える時間があればもっと早く連れて行けたのに。とにかく太郎の察しが早い、そして防御態勢に入ればもうおしまいです。

信じられませんでした。あの可愛い太郎がこんなになってしまうなんて……。

手袋が届くまでは連れて行けないので、あらかじめ病院には太郎が歩かないことを連絡していました。先生はレントゲンを撮り、診断はすぐにくだりました。

先生の口から出てきた言葉、それは私が予想だにしていなかった病名、そして普段よく聞く「ヘルニア」というものでした。

今は先生から治療プランを教えてもらい、毎日通っています。

鍼灸のお話も出ています。なにしろ急なことばかりで、頭の整理がつかなくて、どうしたらよいのか、鍼灸は受けさせるのかどうしようか判断をしないといけないけれど、発症日から日にちが経過するほど効果はどんどん薄れるというような話も聞きます。

もう夜中の夜鳴きはしなくなったけど、背中を触られるのが怖いらしく、その時だけは唸り声が少し怖いです。

この騒動ですっかり忘れていたけれど、今日はさらの命日だったのではないですか。病院から戻るとブログ友達のちこちゃんママが素敵なお花を贈ってくださっていました。

この一週間、生きている心地がせず、ただただ太郎の洗濯物やお世話で手一杯でした。

それもすっかり狂暴化して、エクソシストのような吠え声をあげる太郎を恐れて……。

ちこちゃんママからいただいた花束からはとっても良い香りがしてきて、お花の香りに酔いしれてしまいました。

太郎の顔のそばに花を近づけるとなんともいえない良い香りの中で深呼吸をして、久々に穏やかな顔を見せました。

お花のエネルギーは素晴らしいですね。
太郎と私の束の間の昼下がりの幸せな時間です。

うれしい変化

この後、太郎に新しい変化がありました。

人間の念の力ってすごいと心から思います。感謝でいっぱいでした。

ブログの犬仲間の皆さんからいただいた、うれしい元気玉コメントにお返事をしていたその時、ゴソゴソと背後で音がするので見てみると、太郎が場所を移動したかったらしく、息も絶え絶えで自由な手を必死に使って移動の最中でした。

でもそれはこれまでの様子とはちょっと違い、今まではダラーンと引きずっていただけの後ろ足を使おうと一生懸命に動かしていて、結果、歩けはしないものの、立て膝のような形で、湖を進んでゆく白鳥ボートのように、ワッセワッセと動いていました。

「太郎、すごい！　頑張れっ！」

私は新しい変化に感激して、まるで幼稚園児の我が子を応援するあの運動会での母親の図になっていました。

お顔も心なしか余裕が出てきました。しかし、やはり抱え上げようとする時はとても警戒していてエアーかみかみをすごい勢いでするので、まだ怖いです。

例の警察犬グローブ（物は違いますがこう呼んでいます）を使用する時もあります。グローブをしていなかったら流血だろうと思われるような歯の圧力をグローブの下からでも感じました。言葉を話せない分、自分の痛みを表すには、仕方がないですからね。

でも、初診までのあの日々よりは何十倍も楽です。

痛かったんだねー太郎。

わからなくてごめんよ。ママちゃんはヘルニアになったことがないから、どれくらいの痛さなのかはわからなかったのよ。

あんなグローブだって本当に心苦しかった、あんな物を使って。

だけど汚いをキレイキレイしてあげたかったの。そのためにバスルームに行く必要があったの。

病院にももっと早く運んであげたかったからあんなものを買ったの。

使う前は、こんな物を使って信頼関係が壊れたらどうしようと思って怖かったです。

こんなに激怒している太郎。そもそも保護して1年ほどで、元々信用なんてされていなかったのではないか。

やっぱりまだ太郎にとっての本当の母は亡くなったMちゃんで、私なんか信頼の「し」の字もおいてもらっていないのかと、ショックでした。

病院に連れて行くのが遅れたことなど、いろいろ考えては気持ちがペシャペシャに凹みました。

考えてみれば無事、ようやく病院に搬送できた日は、Mちゃんの2回目の命日でした。

きっと天国からMちゃんが降りてきて、手伝ってくれたからうまく搬送できたのでしょう。

うちのマンションの前が池になっており、時折、野鳥がやってきては可愛らしい鳴き声が聞こえるのですが、いつもとは違う声がしました。このマンションに25年暮らしているのに、初めて聞く声でした。

いつもより1オクターブほど高い、まるで天から降りてきたようなとてもひきつけられる澄み切った美しい鳴き声。

これを聞いた瞬間、なぜか「もうすぐ太郎が天国に召される」というメッセージを受け取った気がしました。

太郎についてのご報告

私の相棒の太郎が11月12日、午後7時50分に永眠いたしました。

太郎の介護で忙しくはあったけれども、太郎とはずっといつも通りに仲良く一緒に焼き芋を食べたり、日向ぼっこをしたりして過ごしていました。

まったく苦しまず、心臓の発作も何も起きず、普段の日常を過ごしている合間に、「ちょっとあの世を見てくるぜ、母ちゃん」って感じでどうやら旅立ってしまったのです。

今もいつもの場所で寝ているのです。

とても亡くなったとは思えず、ボーっとしてしまっています。

14日には太郎が16歳の誕生日を迎えることになっていました。今日はお店に犬用バースデーケーキの下見に行って、パーティーの時に飾るお花も買ってきました。

太郎の生前にお世話になった動物病院のY先生、スタッフの方、可愛がってくださったお友達、皆様ありがとうございました。

太郎と母、一緒に心よりお礼申し上げます。太郎はずっと私と一緒にいますから、悲しみません。心配しないでね。

誕生日パーティー

横たわっている太郎は相変わらず「ただの昼寝から覚めないの図」にしか見えません。取り急ぎ先生にも報告してきたのですが、いつもよくしてくださる看護師さんも呆気にとられていたようでした。

先生は患犬さんの診察で忙しく、お話ができなかったので、後日改めて菓子折りを持ってご挨拶に行きました。

この子が最期に苦しい発作に襲われなかったのも、先生のおかげと思います。

とても丁寧に診てくださっていました。夜間病院にバトンタッチする時には太郎のための細かい事をメモに書き、安心して引き継げるように配慮もしてくださいました。

元々あまり重症ではなかったのかもしれませんが心臓病でもこんな穏やかに逝けるのですね。

私がこの子を迎えた時から思い描いていた、老犬の理想的な最期は、「日差しがポカポカ暖かな部屋で、2人でソファで一緒にテレビを見ていたら、いつの間にかスヤスヤ眠っていた相棒がよく見ると息をしていないようだった……」というようなものを想像していました。実際は昼間ではなく夜で、テレビを見てはいなかったけれど、太郎はほとんどこの通りになったような気がします。

「いつもの夕ごはんのついでに、ちょっと死んでみた」そんな感じです。

太郎の16歳の誕生日パーティーの準備をします。

ステーキを焼き、大好きなチーズケーキにロウソクを大1本、小6本立てます。

太郎の最期

太郎の四十九日を無事に迎えることができました。

太郎は亡くなった日は朝ごはんも完食しました。おやつはちゅーるをこれまた急いで食べました。

でもここ数日、食欲は以前ほどではなく、たまに飲み込む時にためらうような仕草を見せてはいました。

この日の夕ごはんは、少し残したので、

「太郎、ママちゃんはお風呂に入ってくるから、出てきてお腹が減っていたらまた食べようね」

これが生きている太郎にかけた私の最後の言葉になろうとは……。

髪を洗い終わった私がゆっくりと湯舟に浸かっていると、けたたましく夫がバスルームのドアを開け、「太郎が変!!」と言ってまたすぐにバタバタと太郎のところへ戻っていくではありませんか。

　私はお風呂から出てビショビショのまま太郎のところへ行くと、まさしく太郎は最期の一息、二息、その二息目を大きく吸ったあと、まるでロウソクの炎が消えるようにスーーっと息をしなくなりました。

　え？　どういうこと？　と思って「太郎！」と大声で呼ぶ私をよそに、夫はマウスツーマウスで人工呼吸を。

　しばらく続いていましたが、心臓が止まったと諦め、代わりに私が抱っこするとまだ心臓は動いていました。


　私が「動いてるって！！！」と言うと「それは自分の心臓だろう」と夫に言われてしまいましたけど、温かい太郎を諦めることができず、しばらく柔らかくてのし餅のような太郎を抱っこしてギューーっと抱きしめていました。

　まだ生きている生きていると言う私に夫は「心臓は止まっている。認めろ」と告げました。あまりに急なことに訳がわからず、涙も出ませんでした。

「まだ、ごはんの続きがあるよ、太郎」

私は太郎を火葬するのが辛く、自宅でギリギリのところまで亡くなったあとの排泄物を片付けたり、太郎の体をきれいにしたりしてお世話をしていました。

ある獣医さんが「すぐに火葬しなくても、こうしてゆっくりお世話をすることが、グリーフケアになることもある」と書かれていた記事を以前読んだからです。

太郎には、最後に持っていく砂肝のおやつを焼いたり、棺に入れるお手紙を書いたり、夜には手をつないで寝たりして過ごしていましたが、いよいよ体は岩のように固くなり、夫に促されて動物霊園に予約をしました。さらの時と同じ霊園です。

最後までモタモタが嫌いな太郎

よく、お葬式の日は故人の性格の特徴が出るような現象が起こると聞いたことはありました。

これは実話なのですが、例えば、いつもとてもおっとり気味な友人の火葬場へ向かう時、友人一同の乗ったマイクロバスの天井が柿の木に引っかかってしばらく止まったなど。

太郎の場合も実に彼の性格そのままの1日となり、今さらながら驚いています。

太郎の性格の特徴は「気が短い」ことです。

その日、太郎はやっぱりゆっくりと寝ているように見えました。自分たちもゆっくり支度をするつもりで普段着のままのんびりして、太郎に話しかけたりしてまったり過ごしていたのです。

すると、黙ってスマホを見ていた夫が急に、

「おい大変！　早く支度して！　高速の入り口が閉鎖されたって。その車がみんな下道に降りてきたら予定時間に間に合わないぞ！」

などと言い出しました。

「そんなぁ無理だよ、だって、これからお棺に移してお花だってきれいにレイアウトするんだから」

と言う私に、

「早く！　いいから早くして！」と夫。

慌てて着替え、太郎をお棺に移してとりあえず出発したのです。

なんだか気持ちを込める暇がなかったというか、お棺のふたもまるでドリフターズのコントのようにパカン！　とかぶせました。安全とか、お花が偏らないようにとか、確認する暇もないほど慌てて家を出たのでした。

よく太郎がお棺から飛び出さなかった。

さらの時は息子さんがお経を読んでくださったのですが、この日は一番えらいご住職様が出ていらして、無事読経が終わりました。控室でお茶をいれてくださり、みか

んをいただき、ご住職様とお話をしていると、急にガラス戸がガタガタガタと震えだしました。

ご住職様が、

「あぁ、びっくりした。地震ですよ。大型車が来たのかと思った」

とおっしゃるので、注意しているとまたガタガタガタとすごい音がして、確かに地震でした。

ご住職様とは日本の動物行政について話が合い過ぎて、ついつい熱く語り合ってしまいました。

こぶさらの火葬の経験からそうだったように、あと15分くらいかかるだろうと思った瞬間、火葬の係の方がガラス戸をガラっと開け、

「火葬が終わりました」

と呼びに来てくださいました。

「えっ！　もう?!」

と夫婦でハモってしまい、これにはご住職様も驚いて、

「あぁ、今日は午前中に一件あったので、多分炉がすでに熱かったのでしょうね」

ということでした。

まったく太郎は最後までせっかちな男でしたよ。悲しいはずの日が予期せぬ運びばかりで、あまりジットリ悲しむ暇もなくて、かえって救われたのかもしれません。

太郎への手紙

今日までに「これは確かに太郎がいるに違いない」と確信できることが2回起きています。

1回目は朝の5時30分頃。太郎の、

「ワン!!!!」

と元気な一声です。私は起きていたわけではありませんでした。夢ではなく「起きぬけ」というタイミングだったのですが、夢というにはあまりに生々しく、吠える声を聞いた感覚からこれは夢ではない、と思いました。

いつものままの元気な太郎の一声でした。

そして2回目は今から一週間ほど前、やはり早朝で時計を見ると5時40分。

今度はいつもの鼻を鳴らす声、ちょっと甘える時の声で、亡くなる少し前からはずっとこの鼻を鳴らしていました。

その時聞こえた音程は、まさしく太郎だけの音程でした。その声を聞いた時も私の意識は半分夢、半分現実という状態にあり、その鼻を鳴らす声を聞いて、今までの習慣から、

「きっとトイレシーツが濡れてしまっていてお腹が冷たいのだろう」

と、条件反射で太郎の寝ていた場所へ向かおうと起き上がりました。

起き上がってから「あ、太郎はいないのに!!」と思いました。習慣というものがしっかり自分の体にプログラミングされていることを悟りました。

夫も、スーパーに行くと、鶏肉コーナーをまず見に行く習慣が抜けません。


そう、太郎は私からの手紙に書いた約束をちゃんと守ってくれているのです。

実は火葬の日は慌てて家を出たものの、「明日は火葬」という前日のうちに太郎にお手紙を書いて、お棺の中の太郎のお腹の上にしっかり置いておいたのです。

太郎とは毎日あまりにもずっと近くにいたので、ひらがなも漢字も読めなくても、テレパシーで通じると信じました。

すでに太郎は私の体の中に入り、ずっと命の炎を絶やさずに一緒にいるような気分です。私の一番やわらかい部分で接していた太郎なので、こぶさらの時と同様、悲しみの行き着く場所まで行きましたが、そうなるとその先は悲しみが昇華していくような感覚になりました。

虹の橋に行ってしまったから消えてしまったのではなく、可愛い太郎の肉体は目には見えなくなったけれど、見えなくなったあとのほうが、むしろ私の吐息よりもそばにいると感じます。

虹色の便箋に綴った太郎へのメッセージ

大切な太郎へ

砂肝を少し多めに焼いたから、みんなで分けて食べなさい。

こぶ丸兄ちゃんやさらちゃんやたくさんのお友達と遊んでもいいけど、ママちゃんのところにたまには戻ってきてね。

いる時はどうかどうかママちゃんにわかりやすい形で「僕、ここだよ‼」って教えてほしいよ。きっとだよ。

太郎、パパもママもずっとずっとあなたのことを愛しているよ。さよならなんて言わないよ。

太郎ありがとう。

これからもずっと一緒だよ。

おわりに

この本をお手に取っていただき、ありがとうございました。

この本は、長年書き溜めていたブログの、太郎の部分だけを切り取りまとめたものになります。

うちに来てくれたこぶ丸、さら、太郎は、この世で出会った天使たちでした。

そしてこの犬たちは、私の一番奥にある大切なものを引き出してくれました。

宇宙語のような文章を人間用に書籍化するにあたり、忍耐強く校正してくださった文芸社編集部の西村早紀子氏ほか関係者すべての方に心から感謝します。

最後にすべての動物たちが安心して毎晩幸せに眠りにつける世の中を願って……。

著者プロフィール

山﨑 チワワ（やまざき ちわわ）

1959年、東京都出身。
青山学院大学第二文学部卒業。
神奈川県在住。
総合旅程管理主任者、レイキマスター、温泉ソムリエの資格を保有。
趣味は旅行。

言葉を超えて 太郎がいた時間

2025年2月15日　初版第1刷発行

著　者　山﨑 チワワ
発行者　瓜谷 綱延
発行所　株式会社文芸社
〒160-0022 東京都新宿区新宿1－10－1
電話 03-5369-3060（代表）
03-5369-2299（販売）

印刷所　株式会社平河工業社

ISBN978-4-286-26112-6